为 人 生 提 供 领 跑 世 界 的 力 量

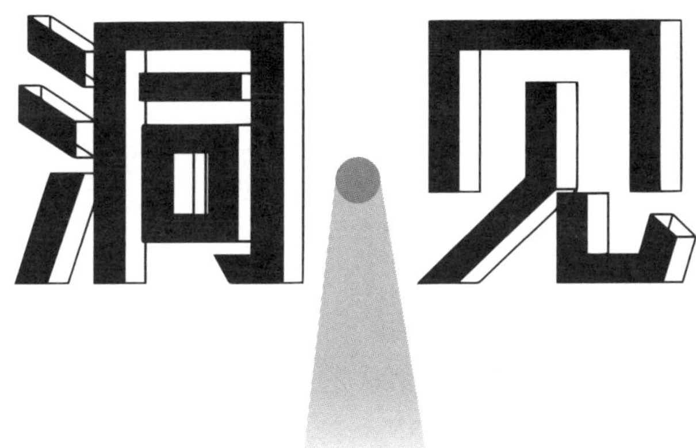

赵昂

>>>著

文化发展出版社
Cultural Development Press

图书在版编目（CIP）数据

洞见 / 赵昂著. —北京：文化发展出版社有限公司，2018.6

ISBN 978-7-5142-2294-4

Ⅰ. ①洞… Ⅱ. ①赵… Ⅲ. ①成功心理—通俗读物 Ⅳ. ①B848.4-49

中国版本图书馆CIP数据核字（2018）第099948号

洞见

赵昂 / 著

责任编辑：肖润征
特约监制：魏　玲　潘　良
产品经理：战　铁
出版发行：文化发展出版社（北京市翠微路2号）
网　　址：www. wenhuafazhan.com
经　　销：各地新华书店
印　　刷：河北鹏润印刷有限公司

开　　本：787mm × 1092mm　　1/16
字　　数：193千字
印　　张：17
印　　次：2018年7月第1版　2018年7月第1次印刷
I S B N：978-7-5142-2294-4
定　　价：45.00元

Contents

目　录

01

反超：普通人的自我超越

02

先锋：顺利跨越转型鸿沟

跨越阶层，为自己的人生掌舵

前言
PREFACE

二十年前，我还在大学里读计算机专业。一边享受着设计算法的快感，一边纠结着将来要与一群理工男进入程式化职业生涯的无趣痛苦。因为学习成绩还过得去，就理所应当地考进最好就业的热门专业，一路学下来，我对前途充满了迷茫，也不知道还可以做些什么。

十年前，我还在职场上“试错”。我知道自己不安分，不过没想到竟然那么能折腾。除了全职工作过的通信、教育、媒体行业，我还兼职地尝试过培训、销售、法务等工作，跨越了不同城市、不同专业、不同领域。而且，每份工作都能获得老板和同事的认可。只是，这样的折腾在没有找到“自我价值感”之前，就是毫无意义的试错。只有我知道，这样的感觉，就像是走进了一条毫无亮光的黑暗隧道。

五年前，我在职业生涯咨询领域“all in”。2012年我做了三百多次咨询，写了几十万字的咨询总结。然后保持这样的频率，前后三年，几乎没有休息过一天。当我发现了一个愿意全情投入的领域时，我就迅速成了自己职业生涯的舵手。过往的所有经验和教训都成了我的资源，而我的洞察力和整合链接能力竟也以天赋的样子出现，助我在生涯咨询领域迅速崛起。

不知不觉中，在这一行，我做了将近七年，做过三百多个完整的咨询案例，接触了几百个真实困惑的求助者，咨询时间超过三千小时，帮助别人解决职业发展中遇到的各类问题：有人在职业选择的时候会纠结，不知道是该进入一家薪水不错但是可能压力很大的公司，还是进入一个发展有限但相对安逸的公司。有人在职业发展不顺利的时候会迷茫，离开一个单位不知道有什么更好的选项，前途充满了未知，如果不离开，又没有任何成长，担忧着未来的前途。有人在压力巨大的时候会焦虑：职场女性准备做妈妈，但是职业发展可能因此放缓；中年男人上有老下有小，要养家，要发展，还要摆平各类关系。我每天都会遇到各种求助者，面对种种问题和困惑。

我们不是为了解决问题而活着，但是，很多时候，我们不解决问题就活得不好。在我的咨询中，找到我的求助者或许是职场小白，或许是资深职场人，或许是二十来岁的毛头小伙子，或许是五六十岁准备退休的大姐，行业不同，背景不同，具体问题也不同。然而，如果总结出来关键词的话，“迷茫”和“焦虑”是两个频率最高的词。他们不缺知识、不缺信息，甚至不缺资源，但就是无法突破自己的限制。这样的限制或许来自认知，或许来自视野，但更多的，他们的限制是源于缺乏看问题的一些视角。比如不知道职业生涯的不同阶段有不同的任务重心，比如不知道在探索了自我之后外界的机会才有价值，比如不知道职业发展源于持续迭代的价值交换，比如不知道优势使用与多领域发展之间的关系……于是，他们被限制，被干扰，被阻碍，被框定在自己的格局里，不再自由，无计可施。我体验过这样的苦恼，也见证了很多人的突破，对此，深有感触。

在一次次成功地帮助职业困惑者走出迷茫，摆脱焦虑之后，我看到了他们的自我绽放、对未来的信心，以及准备立即行动的超强能量。每当这个时候，我都是颇有成就感的，那是一种通过助人而获得自我实现的成就感。每当这个时候，我也是幸福的，那是完成了人生使命的幸福感。与此同时，我也在问自己，有没有可能让更多人了解这样的视角，可以不通过咨询，就能获得自我迭代？有没有可能让更多人学习这些方法，可以不经历这些迷茫的过程，就能获得更快的职业发展？有没有可能让更多人掌握了这些认知，可以打破束缚与框架，跨越自己的阶层限制，少走几年弯路，成为能够掌控自己人生的舵手？

我一直在问自己这些问题，从八年前我进入这行开始，从七年前我做过第一个咨询开始，从五年前我培训咨询师开始，从四年前我写专栏开始，从两年前我的第一本书出版开始，一直到今天，还会延续到未来。在回答这个问题的过程中，我越来越清晰地明白：这些视角、方法、认知，不仅会给一个人带来职业的发展和暂时的成功，其实也是在帮一个人突破他所处的阶层，跨越到一个新的可能的生活状态。而这种跨越与突破，是对这个充满变化，开放机遇的伟大时代的致敬。

我想起了多年前准备进入这行给人做职业规划的时候，有位前辈问过我一个问题：赵昂，看得出来你对于这件事充满了愿景，我就想知道，你为你的愿景做了些什么准备？在我看来，这不是一个挑战性的问题，而是十分赋能的问题。我眼前立刻浮现出了自己曾经的纠结与痛苦，浮现出了我所做过的一次次尝试与探索，浮现出了我的深思熟虑与笃定前行。今天，我反过来问自己另外一个问题：你的这些准备足够助人了吗？

此时，我看到了一双双因为转换视角而欣喜若狂的眼睛，听到了因为发现自我而激动到发颤的声音，读到了一封封分享咨询之后成功的邮件。我想，他们在鼓励我：赵昂老师，真希望更多人能够因这些智慧而受益。

我想，我准备好了！

序章

你所谓的“过不好”，都源于**认知限制**

有认知，就有认知的层级，有认知的程度，也有认知的限制。认知是非常理性和客观的，只有保持持续认知升级的人，才能获得更大的格局与视野。认知在哪一级，格局就停在哪一级。

唯有升级认知，才能突破人生天花板

我们对于“认知升级”这个说法并不陌生，然而，什么是认知呢？让我们先从限制说起。

在我看来，一些人对事情的看法限制了他们的发展，职业才出现了问题。

有个屡次跳槽，却总在低水平徘徊的人找我做咨询。分析之后发现，他总期待一个机会，期待企业给他充足的发展空间，给他可以施展才华的机会。但是，他看不起平常的工作，认为那是琐事。于是，在一家企业工作半年，一旦等不到机会，他就离开。他的想法是：干一票大的。

期待有所作为并没有错，但是他没有看到另外一个角度：老板也只有看到他的能力表现才能安排更重要的任务给他。换言之，他在工作中不仅要积累能力，还要积累能力的表现，逐渐获得别人的认可。从这个角度来讲，那些琐事或许也是必经之路。看到这一点，他就安心了，问题也就解决了。

道理似乎非常简单，实际情况却并非如此。在他原本的信念里，“有才华就应该有机会""即便是等待，也该告知明确的期限""如果做一些小事，那就是对自己的侮辱"……这些都像枷锁一样束缚着他的发展。而这些想法就是他对世界的认知，在他看来，本该如此，于是，他才会执着。

认知升级是一个热门的概念，然而，热议的同时，更多人在内心升起一种新的疑惑：到底什么才是认知？认知真的那么重要吗？认知能带来什么样的改变？

认知，是一个人对于世界的看法，是一种视角。

简单地讲，认知，就是一个人对于世界的看法。一个出生在农村的孩子会怎么看立交桥？一个出生在大城市的孩子又会怎么看庄稼地？一个人出国留学，他怎么看自己的教育背景？一个人失业了，他怎么看待这种经历？人工智能被人称为下一个改变人类的技术，你会怎么看这种技术给你带来的改变？看到一个人靠写作财务自由了，你会受到什么影响？凡此种种，一个人对于这个世界的看法和理解，组成了他的认知体系。而有什么样的认知，就会有什么样的行动，行动决定了结果，反过来，结果再次调整了认知。

认知不等于知识，在知识没有和一个人独特的个体经验世界产生关联的时候，那些知识是属于别人的，即便能够背诵出来，充其量也就是一个“人肉储存器”。认知也不是简单的理解，如果只是“自以为”地懂了很多道理，却从不付诸行动，那并不是认知，认知的基本特点就是改变人的行为。认知也不等于无意识的、被迫的盲动，如果就只是“没有办法”，或者“别人都这么做”，就像是随大溜地跟着别人买房、炒股，即便获得了成就，即便赚钱了，那也是“投机”。

认知很难讲得清，但是认知的表现形式却很容易体会出来。

认知是一种视角。认知丰富的人，一定可以从不同角度来看问题，不会固执己见，陷入单一的判断。比如在人际关系中，我们经常会说要学会换位思考。这个换位，换的就是视角。

曾经有一位客户，因为难以处理职场关系来找我做咨询。在咨询过程中，他一直抱怨别人拍领导马屁，给领导送礼，自己不送礼，不拍马屁，所以才得不到升迁。我问他，你觉得，如果你是领导的话，你会欣赏什么样的下属？他是聪明人，一下就明白了。他也知道，领导并不一定喜欢送礼、拍马屁，领导最欣赏的，还是能帮领导解决问题，执行任务，达成目标的人。他原来看到的，只是带着嫉妒和不满视角下的假象。更多视角，带来更多认知。

认知是对于价值的判断。每个人周围总有价值判断的高手，他们总能判断出哪只股票更值得投资，什么时候该买哪里的房子，什么职业才有发展空间，什么才是未来的趋势。在这些准确判断的背后，一定是有对于价值判断的准确认知。

我曾给一家企业的部分管理者做一对一咨询，遇到一个管理者，聊到职业经历的时候，他谈到了自己十多年间的每次职业选择都是基于不同的标准。有时候是基于能力提升，有时候是基于稳定平衡，而最后这一次，他的想法也非常明确：我要找到一个万亿级别的盘子。我问他，如何判断一个盘子是万亿级别的呢？他说了三点：看业务影响力，看与最新技术相关度，看竞争对手，然后，综合评估。他的发展很好，就是因为认知帮他做了准确的价值判断。

认知是一种对于方法的选择。比如对于获取财富，有人选择创业，有人选择投资，有人选择依靠写作，有人选择成为网红，甚至有人选择违法犯罪。这些选择的背后，有基于对自我的认知，也有基于对形势、趋势的认知。

我给咨询师们讲课的时候，非常强调职业伦理与道德。在我看来，职业道德并不是道德层面的评判，而是每一个从业者对于自己职业本质的认知。比如咨询师需要真诚，因为咨询关系是一种工作关系，唯有真诚才能推进咨询，真的帮到来询者。那些耍小聪明，甚至利用专业设置来蒙骗来询者的咨询师，本质上是对问题逃避、对自己不自信，并且对职业价值的错误认知。

认知还是一种对于结果的态度。比如我们每个人都有失败的经历，然而在失败之后，有些人的态度就是失望、沮丧，一蹶不振；而有些人就是稍做调整，奋起再战；还有些人对于失败十分平静，泰然处之。我们已经听腻了积极心态，可是有没有想过，真正的积极心态不是勉强为之，而是建立在对一件事的积极认知之上。

有一次在一家企业给一个员工做辅导的时候，正值他们组的一个项目以失败宣告结束。作为项目负责人，他既有内疚和不安，又很会调整自己。他向我说了很多自己已经调整好的表现，看上去，他真的没有遗憾了，甚至表现出了不在乎的态度。我觉察到，他一直在讲话，其实是在找理由说服自己。我问他，你真的不想成功吗？然后，他就沉默了。之后，我和他一起分析原因，他发现，从一开始他就对这个项目有保留意见。整个过程，他一边在证明自己是对的——这个项目不可行，一边又希望证明自己的执行力——我能把这件事做好。如此纠结，出现任何结果都不会如意。想明白这些，他才释然了，不仅知道如何面对结果，而且知道如何面对未来的选择：认真分析执行过程中的提升点，并在以后接受任务之前保持全面真诚的沟通。我想，发挥作用的，不是心态那么肤浅，而是心态背后的认知。

有认知，就有认知的层级，有认知的程度，也有认知的限制。认知是非常理性和客观的，只有保持持续认知升级的人，才能获得更大的格局与视野。认知在哪一级，格局就停在哪一级。

告别“认知泡沫”，不做虚假努力

认知泡沫，就是你错以为正确的认知。

比如，一个人非常勤奋地学习，看到所有与职业发展或者个人成长有关的东西，都忍不住要学到手。听人说有一门课很好，赶紧报名；听人说某个网络音频是资深的老师讲，也马上下单；看到推荐书单也都存下来；遇到优惠打折总忍不住要买。他们不可谓不努力，而且还努力出了焦虑：那么多的书读不完，买的音频课听不完，甚至因为不断参加培训，交了大量学费，让自己的生活质量都下降了。

这就是认知泡沫的一种表现，观点未经检视，也并未产生让自己的生活状况和工作状态有实质改变的结果，只是看上去的“过程勤奋”。

有人说，难道我们只追求“结果导向”吗？不关注成长，只关注“能够抓住老鼠的猫”？还真不是，结果只是认知并未升级的表现而已。

我们再来看另外一种人。他们看重结果，吵着嚷着说“赚钱不丢人，我也要致富”，关注“月入十万”的微信文章，期待“年薪百万”，甚至也真的靠风口小赚了一笔。比如打着“分享经济”“知识经济”的旗号，把自己花几万块钱上的课在收费群里讲一遍，把自己花几百块钱订阅的专栏有偿分发一下。也有了结果，至少有了收入。

然而，这是认知泡沫的另一种表现：成果假象。虽有成果，认知依然尚未改变。

之所以说这些是“认知泡沫”，是因为，泡沫退去，他们的认知也随之赤裸展现。这也正是认知泡沫的两个特点：并未带来结果改变，或者所有结果受制于外界因素。总之，就是一个人的认知并没有改变，看似的外在变化，都是泡沫。

没有改变结果，说明认知或许没有改变，这个容易理解。总用同样的方式做事，在环境不变的情况下，又想获得不同的结果，这本身就是认知的缺陷。不管过程如何勤奋，讲得如何头头是道，获得的顶多也就是知识。没有实践的检验，即便是真理，也和个人没有任何关系。

那种“成果假象”的认知就需要更多分析了。既然是假象，就有被真相验证的时候。比如炒房、炒股，这样的事情需要复杂认知，换言之，不是谁都能玩得转的。偏偏很多人玩，特别是在股市很牛、房市很火的时候，谁都想从中捞一把。只是，很多人都是幻想，幻想着在并没有足够认知的情况下入市赚钱，这就是投机。有通过投机赚到钱的，这就是“成果假象”。当然，也有人在投机过程中增长了认知，而更多的人，却在投机过程中成为炮灰。他们的认知并未成长，情况改变了，成果假象就变成了失败真相。

又如，知识经济红火的时候，好像只要有几年职场经验就可以给别人做“人生导师”，学了两天技能，就能开课授业，一切红红火火，还真的能够做社群，能够赚钱，似乎真的赶上了风口。闹剧谢幕，那些对于自我没有清晰认知，对于发展趋势没有清晰判断，对于大众需求没有精准满足的人，终究还是陪玩。获得的那一点收入，也就只配上一个群众演员的角色。

由此，我们看出来了：如果一个人做事情的结果不管是成是败，都是受制于外界因素，而不是有意识为之；对待结果，没有理性分析，而是被情绪左右。那么，不管看上去多么光鲜或者成功，中间一定有认知泡沫。

不同的认知水平，决定了你是站在地球上，还是处于外太空。

所以，成功不应成为追求，那只是认知升级结出的果实。甚至能力提高也不应成为追求，那只是认知升级之后的表现。职业生涯的发展，更是如此，唯有不断升级自己的认知，才可以看到更多的可能。住在地球上的某个地方，永远不可能真正知道地球是圆的。除非，看到地球仪，或者看到外太空视角下的地球，这就是不同的认知水平。

主动创造“拐角”，夺回人生掌控权

认知的价值也是判断真正认知的一种方式。认知的重要价值，就是能够创造人生拐角。

说到人生拐角，人们总会说起人生经历中重要的事件：曾经升学时，因为得到一位老师的鼓励，最后冲刺成功，建立了自信；曾经考大学时，因为发挥失常，一落千丈，最后进入了一所自己不满意的大学；曾经求职的时候，因为自己的细心被老板发现，得到了重用；曾经恋爱时，因为自己的坚持，得到了女神的垂青；曾经……

这些经历确实是人生中的转折点，但，不是我要说的人生拐角。因为：这些转折之所以发生，多半有运气的成分在里面。不服气？我们先看两种基因。

一种是自然基因，你是男是女，长成什么样，二十岁之前的智商有多高，这多半都是自然基因所决定；另一种是社会基因，你出生在农村还是城市，你的父母家庭的文化学识，你周围亲戚朋友的见识，一定深深影响着你。这两种基因我们决定不了，决定不了的就是运气。

当然，还有决定不了的际遇。碰巧进入一个正逢拐点的曙光行业，碰巧遇到一位赏识自己的领导，碰巧和客户相谈甚欢……这些际遇可能成就我们。碰巧进入一个迅速下滑的创业企业，碰巧遇到一个互相伤害的团队，碰巧遇到一个下三烂的竞争对手……这些际遇可能毁掉我们。

除此之外，一些选择还在潜移默化中接受着一些莫名的评价：我从体制内出来，是不是会遭到家人的反对？我追求安稳，是不是会受到同学的鄙视？我买了房子，是不是会被讥讽为没有追求？我不买房子，是不是就不能成家立业？

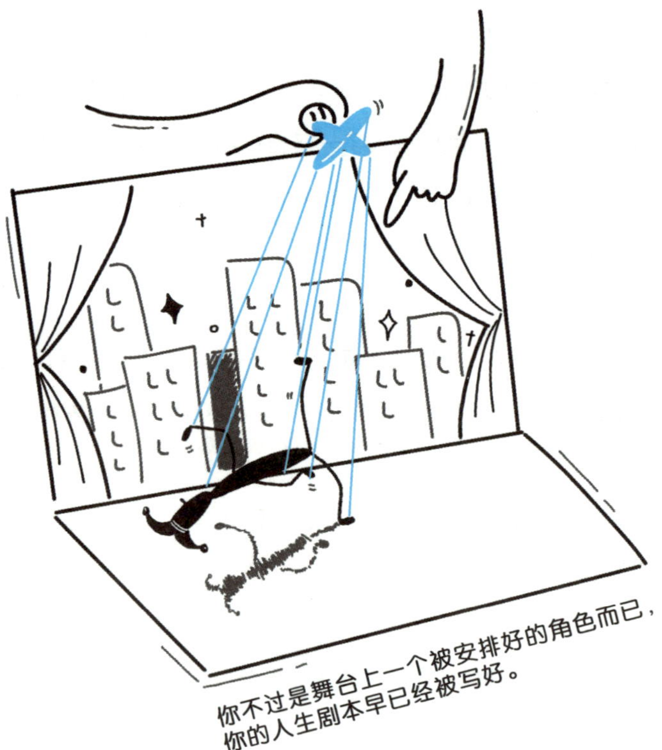

看到这些因素之后，你会发现，在这些经历中，自己的力量是那么微弱，简直像是被绑架着前行。看到这里，你还会觉得那些人生的转折点真的有意义吗？你不过是舞台上一个被安排好的角色而已，你的人生剧本早已经被写好，你要做的就是：按照爸爸妈妈、老师、同学、领导、同事、配偶、孩子……的要求来完成你自己的人生。没有任何一个人想一直控制你，但是你又不受自己控制地活着。然后，你的错觉是，每一幕的切换就是自己的人生拐角。

并不是。

到了日薄西山、人近暮年的时候，就会发现，你所经历的充其量叫“人生重大事件”。多数人的人生没有拐弯，只是坐上了时间轨道的滑梯，顺势滑下去了而已。这才是真相。当然，你周围的人不见得就写了自己的剧本，大家都是相互编写别人的人生，唯独“大公无私”地忽略了自己。

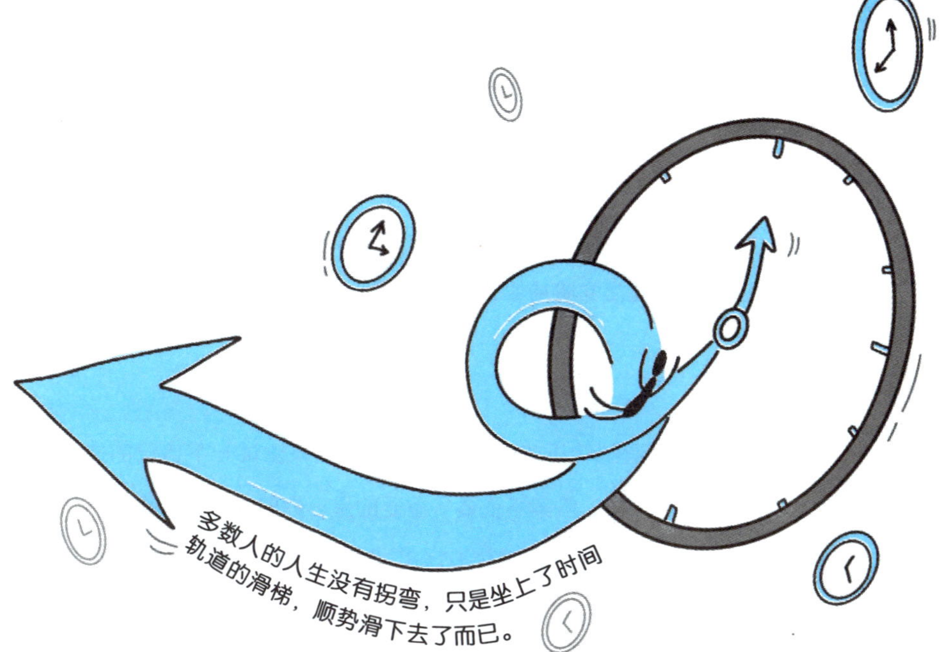

那么，什么才是人生拐角？这是一个我们需要重新审视的问题。

人生拐角需要具备两个特征：

一个是主动的意识。既然我们的转换经常是被动经历的，那么“主动”就是人生拐角的最重要特点。然而，人生中最难的就是这两个字。因为我们是从被动中成长起来的，主动需要有意识习得，有意识改变，如果没有人告诉你怎么做，这就真的太难了。

我们生下来需要有人喂养，需要有人照顾生活起居。慢慢地，大一点了，还需要在成人的监护下活动，成长过程中，我们总是“被鼓励着”，被动地接受周围安排好的一切，于是，一点点地丧失了主动思考。

我们不妨测试一下你对自己人生掌控的主动性。来，尝试着回答以下问题：

1. 你的梦想是什么？为什么？

2. 你是一个什么样的人？你希望自己成为一个什么样的人？

3. 如果以上两个问题没有明确答案的话，那么，你为以上两个问题做过什么探索？

你可以在人生每次遇到转折的时候，拿这三道题来测试一下自己的选择。每个人的答案都不一样，答案不重要，重要的是，你的人生是不是围绕前面两个问题展开的？完全是，给满分10分，你可以主观地测试一下你的人生主动性分值。我估计，肯定会有人想都没有想过，而且还会嘲笑思考这

自我人生掌控主动性测试

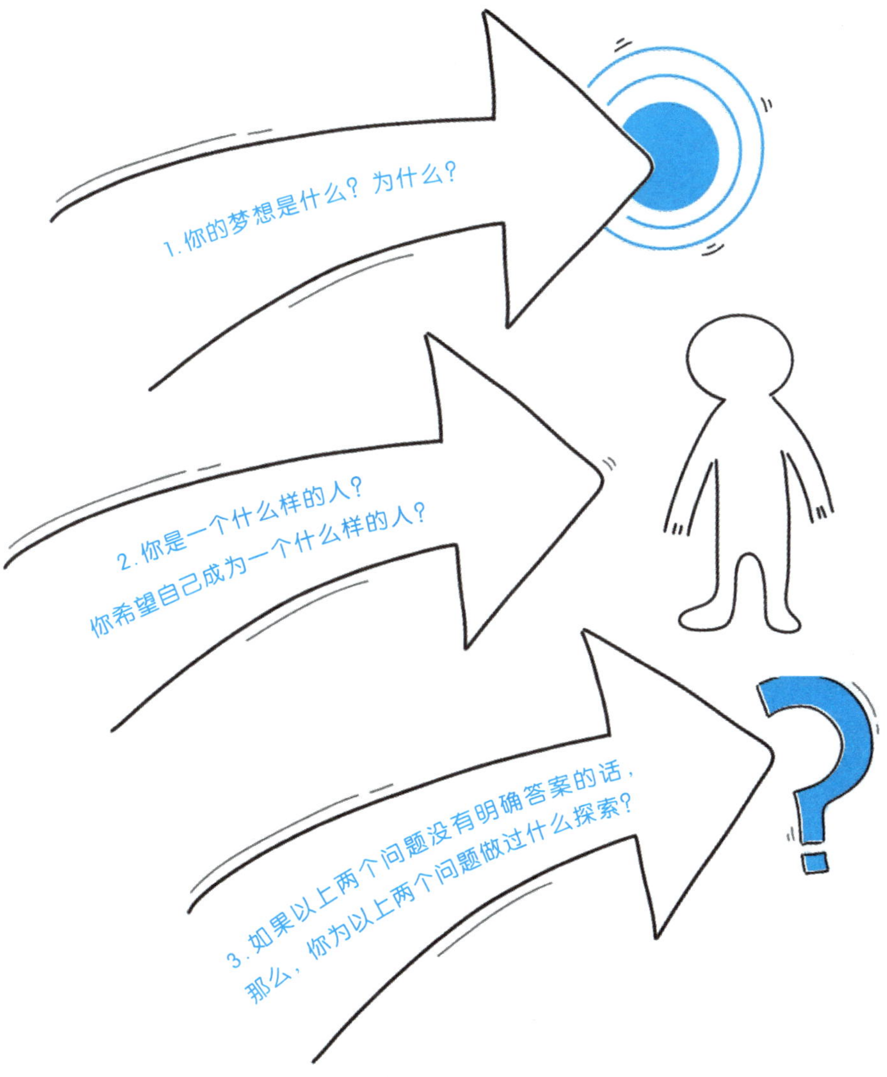

些问题的人：你以为你是哲学家啊？你以为你可以改变世界啊？你以为……

如果你是嘲笑别人的人，那这本书最好不要看了，因为你已经进入了人生滑梯的快车道。如果你是被嘲笑的，我告诉你我的答案：我们每个人都是哲学家，无时无刻不在思考着自己人生的终极问题，我们不一定会改变世界，但一定会在一次次主动创造的成长中改变自己。

只有主动的人才会思考这两个问题，只有主动的人才会让自己的人生围绕这两个问题的探索与实现而展开。

主动是一个人拥有认知的表现。每个人都会基于自己的情形做出最符合自己价值观的最优选择，主动意识，一定是在认知驱使之下的选择。这也是“人生拐角”与“被动转折点”的本质区别：主动为之。

当然，人生拐角的出现，除了“主动的意识”，另一个不容忽视的重要因素就是真正改变。这也是认知必然会产生的结果。否则，不仅毫无拐角的迹象，就连存在于脑海中的主动意识也会退缩。

真正改变是一种成长的标记，是人生的路标。主动意识与真正改变是因和果的关系，有了意识，才有可能促发改变，没有主动的改变，不会推动拐角出现。在主动意识的推动下，一个人需要借助于不断接收到的外界反馈进行调整，在不致偏离人生主线的情况下，一点点实现内在自我的持续升级，改变自然就会自内而外地发生了。

我们要掌控的，不是外界，而是我们的内心，是我们可以持续主动改变

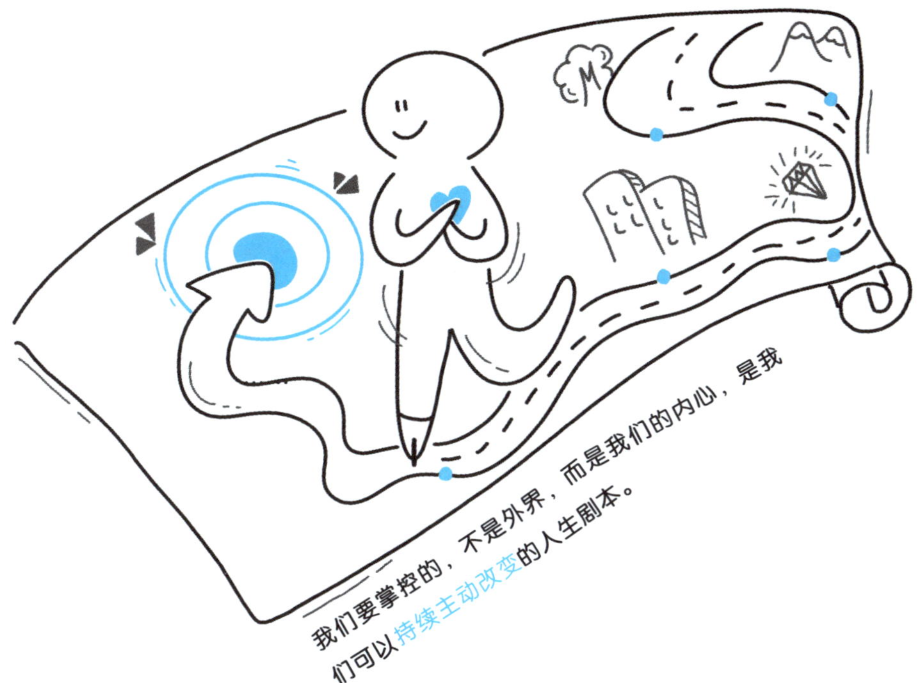

的人生剧本。

一个剧本，可以在各处演。主人公不变，主题不变，场景变了，结果变了，并不影响一本剧的主旋律。作为编剧，拥抱变化就好了。

人生拐角不是固定发生在某一个年龄、某一个阶段，或者某一个重要事件中。人生拐角不一定会出现在第一份工作的选择中，不一定会出现在第一次离开家乡的时候，不一定会出现在第一次转行的过程中，这些关键的转折点，可能会引发拐角，也可能会错失拐角。区别在于：是否主动创造，是否发生改变。由此，我们也可以得出对于人生拐角的理解：主动创造的真正改变，就是人生的拐角。

认知带来人生拐角，为了说明这样的价值，我们才将人生的拐角区分出了两个特征。但是对于认知来说，主动与改变是从未分开的两条线而已。不存在单独的行动力，也不存在决然的主动意识，有了认知，就一定会主动，也一定会行动，一定会改变。

人与人之间的差异，只有认知

这恐怕是一个令人费解的观点。

直觉告诉我们，人与人的差异点有很多。年龄有差异，年方二八和垂垂老矣自然有不同的机会和可能性；性别有差异，即便在现代文明如此发达的社会，很多职业也对男性和女性存在显性或者潜在的区别对待；颜值有差异，容貌如何不仅仅是择偶标准，而且俨然成了重要的生产力；出身背景有差异，富二代和loser在出生的时候就进入了不同的人生轨迹……

然而，这些区别终究只是认知的基础，说得更加直白一些，所有这些可见的区别只能作为资源被认知所用。

如果没有认识到一个人在年轻的时候需要积累的能力和经验，那么青春易逝，二八会很快变成八二，谁还没有年轻过呢？如果没有自我意识，人近老年，就会孤独和空虚，原来被工作和子女占据的自我所空出来的时间并不能成为悠闲时光，而是可怕的怪兽。

财富亦是如此。不管有多少丰厚的基础，如果没有管理和经营的能力，再多的财富，也不过是游戏的筹码多一些罢了，总有game over的时候。我们再看那些逆袭成功的屌丝们，如果感叹他们的成功是因为命运垂青，那一定是没有注意到这么一个问题：为什么幸运的人是他？如果有财富，那么关键问题就是，是否会使用财富，并使其增值；如果无财富，那么关键问题就是，是否会创造和汇集财富。这么看来，一切只和认知有关。

同样，容貌也是如此，我们感叹一个人长得好，有资格靠容貌吃饭的时候，有没有想过，长得好的人那么多，为什么明星那么少？至少说明，只靠美貌是不够的。美貌只是一种资源，如何使用，甚至如何规避缺点，都是认知的事情。

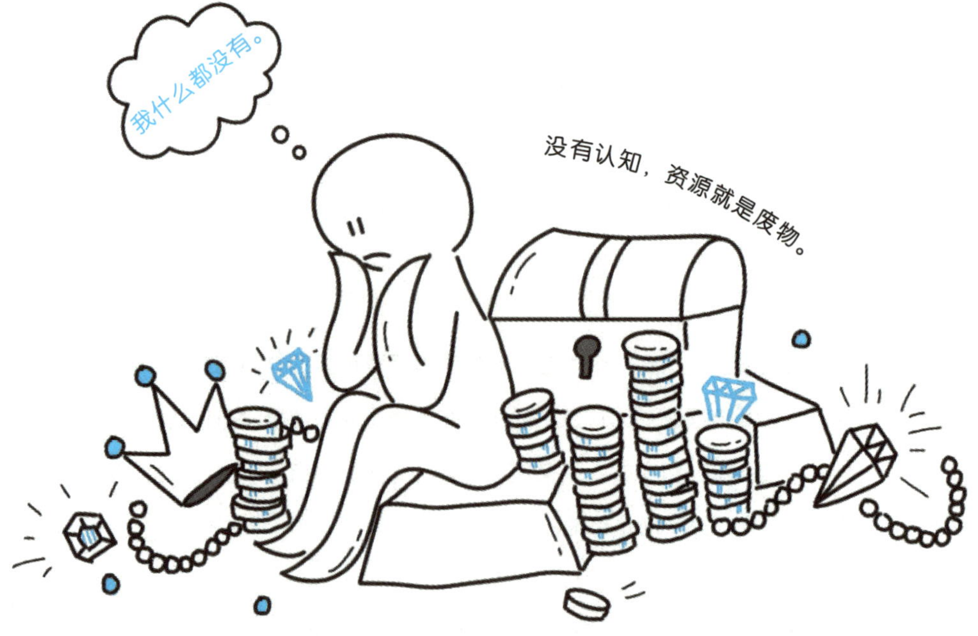

现在，我们可以明白了，人与人的差异确实有很多，但那些差异是我们无法改变的，我们能改变的，只有认知。而认知会让我们从不同角度来看待人与人之间的差异，从而，把差异变为资源。资源很重要，不管是外在的财物，还是自带的容貌和年龄。只是，没有认知，资源就是废物；有了认知，一切都是资源。

我们从来不是站在同一条起跑线上的，古往今来，一直到可预见的未来，都不会出现绝对公平的时候。从我们拥有的资源来看，我们确实不在一条起跑线上，但一个重要的认知就是，人生不是赛跑，我们也不需要一个绝对可衡量的标准来评价一个人的人生成功与否。不管长相如何，也不管继承了多少财富，当我们开始脱离了最初条件限制的时候，才会认识到认知所起的作用，此时，才算真的开始了认知升级。对于持续升级自己认知的人来说，所有成功的结果，都是对认知升级的奖励。

明白了人与人之间的差异本质上是认知的差异这件事，很多事情也就更容易理解了。比如，为什么说，懂了那么多道理却过不好这一生？

有个来找我咨询的女孩子，找到我的时候，有十分的怨气，还有八分的炫耀，她问我：“老师，这两年，我用于学习的花销已经达到了二十万，可是怎么还没有成功呢？”

在她看来，这件事很不好理解，别人说学习重要，她就去学习，别人说要舍得投资自己，她就不惜花了几乎自己所有的积蓄来参加各种培训课程，按照书单买书，甚至还读了不少书。但是，结果为什么不能如她所愿呢？

认知，还是认知。

那一堆看上去很有道理的知识，从未经过她的理性判断，连相互之间的矛盾都没有想明白过，就谈不上在行动上改变，也说不上坚持做一件事，那个期待的结果也就不会出现了。其实，在一些人看来的“坚持”，在另外一些人的认知里，也不过是因为相信一些事，按照自己的信念持续做下去罢了。

我们都知道，所有的事情能够发生，就像植物的生长一样，有过程。也像炒菜做饭一样，有火候。能够静待花开，而不是揠苗助长，也是依赖对于植物生长本身客观规律的理解。这样的理解，也是认知。有了这样的认知，才会出现所谓的坚持和等待。

人与人的差距包括知识，但知识和相貌一样，没有认知，它们始终只能是潜在资源。用认知来衡量，你就会忽然发现，好多不易理解的事情都能解释了：为什么有人有很多金钱，却依然不快乐？因为没有对于快乐的认知。为什么有人不断寻找，却总找不到适合自己的职业方向？因为缺少自我认知和对于职业世界的认知。为什么有人辛苦工作却总得不到升职？因为缺乏对于职场中价值交换理解的认知。

建立认知闭环，解决成长焦虑

升级认知，应该是一个听上去简单，做起来很难，但并不神秘的过程。我把认知升级的过程总结为“认知闭环”：选择学习认知——践行验证认知——调整迭代认知。

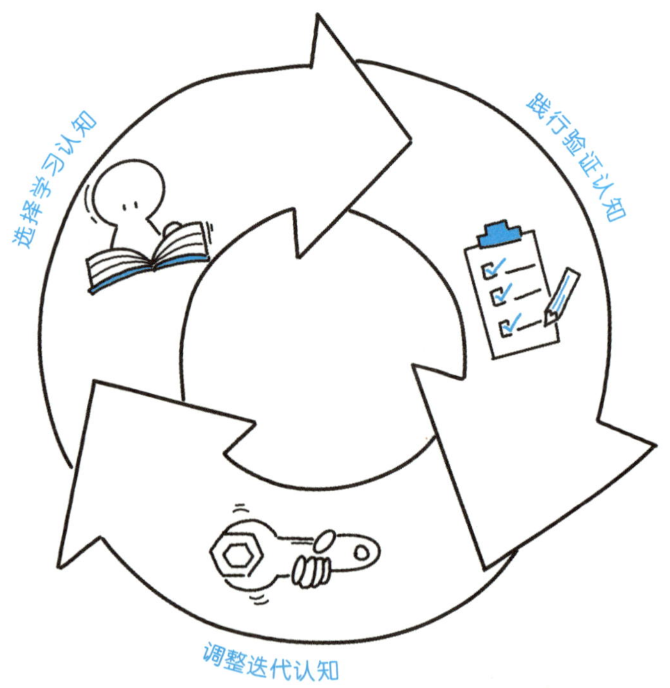

第一步，选择已被验证的认知，学习之。这就是一个学习知识的过程，关键要分清，哪些是值得学习的认知。所学知识要么被科学方法验证过，要么被他人经验广泛验证过。前者更适合一些可以准确测量的领域，比如大脑使用的时间和规律、记忆的方法等；后者更适合一些相对模糊、有赖经验总结的领域，比如写作的方法、演讲的技巧等。只有被验证过的认知，在自己身上发挥作用的概率才会大一些。

第二步，自己践行，验证认知。这是必经之路，即便学到的知识被别人奉为真理，也是需要自己亲身践行的，这个过程无人可以替代。在践行之前，那些别人的认知对自己来说，始终只是知识，但是践行之后，自己所获得的体验，就形成了新的认知。

第三步，从践行的结果中，调整迭代认知。践行过程中，会出现多次的反馈，每一次反馈，就是迭代认知的机会。我们在践行中修补、完善、加深那些本来属于别人的认知，逐渐形成属于自己风格的新认知。形成自己的新认知，有一个标志，就是我们可以从自己经验出发分享这些认知，而不再是人云亦云。

第四步，从第一步开始，重复这一过程。认知是一个没有极限，只有层级的东西，既不必遥望他人而艳羡不已，也不必沾沾自喜于自己的每次进步。认知到了，视野就大了，格局就大了，所要做的事情就大了，所了解的知识也就多了，又会触碰到新的认知边界，于是，就会再一次开始新一轮的认知与践行。

职业发展是一个需要经验类认知多一些的领域，虽然会有一些数据证明某个行业发展趋势很好，或者有关于发展好的职场人特点趋势分布，但是对于个人来说，这些明确的特点又不具备确定性——个人的独特性决定了表面的复杂性。反倒是趋势特点背后的经验与认知，特别是从一次次挫败中总结出来的认知，那是一个人从限制与束缚中走出来的经验，对一个人的职业发展具有积极的指导意义，值得借鉴。我有幸见证了几百位职业遇挫者解决困惑的过程，一个人在发展中遇挫，他会想办法解决，方法之一，就是寻找生涯咨询师这样的专业资源。我和他们一起梳理认知，升级认知，发挥认知的作用。从中，我能看到超越个体的认知，和超越趋势的规律。

一个人发展得好，他会站在聚光灯下，每个人都看得到，传记中的人物就是这样。只不过，传记中的传奇都是被重新解读和建构了的故事，那些认知未必能拿得过来。因为成功而总结出来的经验都是假的，因为失败而总结的经验却是刻骨铭心的真实。这本书里的认知，就是基于几千小时与几百位来询者的沟通积累出来的。在每一个人看来，自己都是独特的，问题也是个性的、特殊的。确实如此，哪怕同一个人对同一观点的类似表达，一次咨询的前后都会有所不同，因为认知增加了。在咨询师看来，职业生涯发展过程中，又有着很多可以借鉴的认知，这是规律。规律是变化中遵循的东西，也是个性中典型的表现。

我希望把这些发展规律总结出来，分享出去，希望更多人可以因为获得简单的认知而升级自我，跨越阶层，突破人生天花板。

01

反超：普通人的自我超越

在这个开放而浮躁的社会里，能够逆袭的人，往往在逆向做长线投资。梦想家能够坚持不懈地追求梦想，就一定是能接受现实，并且与现实和平相处。目光炯炯，因为心有定见，脚踏实地，因为眼中有目标。

停止幻想：别指望被这个世界温柔对待

我做过的咨询客户中有小商贩、超市搬运工、搓澡工、厨师、进城农民工，还有在小县城工作，不甘平庸的人们。这些人都是普通人，普通到可以如一粒尘埃般泯然众人，普通到除了他们自己，没有人更关注他们的发展，普通到更多的压力和更多的谈论话题也都还是关于如何生存。然而，他们依然拥有改变自己命运的强烈期待，他们希望换一种活法，他们想在这样一个创造可能性的时代给自己的生命带来一些新的可能。

我们都是普通人，我也深知此时境况的尴尬：没有可以支持发展的人脉，没有足够发现可能性的视野，没有可以翻身的资金，没有创造高附加值的能力，甚至没有可以傍身的“一技之长”。普通人该如何“逆袭”呢？

逆袭，最引人注目的地方就是创造出了一种反差：在起点和基础并不高的情况下，结果却有了很好的发展。比如，马云同学，毕业的学校名不见经传，家族也并非显赫，长相也低于平均审美标准，但是如今其亲手建立的阿里巴巴却成为世界级的著名企业，他也成了著名的富豪，这就是逆袭。当然，一些更为底层的逆袭也不乏实例，比如某著名大学的保安考上了研究生，之后再也不用做保安了，毕业后成为白领，收入是保安的几十倍，这也是逆袭。

所以，逆袭这个话题并不只是特定人群关注，而是每个人都期待发生在自己身上的。每个人都希望在逆袭中通过突破自我的限制来实现自我的超越。从这个意义上来讲，所谓逆袭，其实是一个人生命状态的飞跃。从外在来看，职业能力提升了，收入增加了；从内在看，认知升级了，格局变大了。这个时代因为快速的经济发展而带来了大量机会，也提供了更多逆袭的可能性，而且，这样的可能性对所有人都是开放的。

那么，一个普通人实现逆袭的关键点是什么？有什么事情是必经之路？在方向的选择上，如何才能规避走错路的风险？

如果你准备逆袭，那么要做的第一件事就是可以接受屡次失败，而不再有不切实际的幻想，不再以弱者的姿态等待命运的垂青，不再心怀玻璃心坐等机会来敲门。

屡次失败是一般事情发展的正常状态，对于逆袭者来说，因为要成就的事情难度比一般事情要高几倍，所以失败的比率也要高好几倍。对于一个理性而成熟的人来说，他们从来不会认为失败是什么丢人或令人沮丧的事情，在他们眼里，失败和成功一样，都是过程中的反馈而已。

有人问我，为什么上了那么多课，还是搞不清楚自己到底适合什么工作？有人问我，为什么看了那么多书，还是克服不了自己的缺点？有人问我，为什么那么多次的尝试，依然看不到有任何成功的希望？有人问我，为什么写了那么多篇文章，个人公众号的粉丝还是那么少？有人问我，为什么打拼多年，还是活在生存线上？……

我只问你：为什么指望被这个世界温柔对待？

有两类文章很害人，一类是“鸡汤文”，另一类是“鸡血文”。害人的原因在于：鸡汤用道德绑架人，告诉人们，每个人都要有一种毫无理智的“善良”，每个人又可以从无知的善良中获得安慰；而鸡血用努力迷惑人，告诉人们，只要努力就能成功，大量的勤奋是通往理想的唯一道路，而根本不去考虑努力的有效性。于是，有些人就会认为，我已经“很惨了”，所以就应该成功了；我已经“足够努力”，所以就应该成功了。他们却不考虑另外一个事实：我并未积累足够的认知，我也不了解本质的规律，所谓理想和期待，只是幻觉罢了。

别指望被这个世界温柔对待。“这个世界”是由你的家人、你的朋友、你的同事、你的老板、你的客户、你所在城市、你所在国家、你所在时代，还有你自己，诸多因素所组成。每个人都微观地和每个因素互动，而且，同时和多个因素互动。这就说明，个人需要同时遵守多项互动的规律。上班要遵守公司制度，出行要遵守交通规则，谈判要照顾对方利益，每个场景都有自己的“规矩”。但是，当把所有这些因素抽象为“这个世界”的时候，当把你自己和这个世界分开的时候，当期待“这个世界”以一种你喜欢的方式来互动的时候，你的幻想注定破灭。

职场上更不是讲温柔的地方，也不是讲“爱”的地方。这不是冷酷无情，因为爱和温柔都太奢侈，如果见人就给，你是给不起的。很多人总是希望把公司当家，老板这么说，一定是在骗你，如果没有业绩了，没有盈利了，经营困难了，一定会毫不犹豫地开掉你，而不会像家一样包容你。员工表忠心的时候也会这么说，“公司像家一样”，这也一定是谎言，员工永远不会不计报酬，不考虑荣辱，不顾自己的发展，只是为了公司发展好。那么，去掉一切的纠结因素，让简单的关系回归本质，这个职场，这个社会，这个世界就是互相交换，你希望别人温柔以待，你又何以回报？

违背规则的温柔期待，只是弱者的一厢情愿。人类社会已经不会像动物世界那样弱肉强食了，人们会做公益，扶助贫弱。但是总有一类弱者，是扶也扶不起来的：没有丧失功能性，但是丧失了支配功能的意识。“这个世界”会以各种方式告诉你，需要成长，需要提升，需要跟得上社会发展的步伐。提醒的方式有很多种，风格以冷冰冰为主。“这个世界”也会以各种方式反馈给你：做得不错，我很欣赏你，继续贡献。抱怨世界不温柔，就像是躺在地上撒泼打滚要糖豆的孩子，我们可以忍受一个三岁孩子的任性，但是，谁又能忍耐一个三十岁的成年人如此自怜呢？

别指望被这个世界温柔对待。二十岁你第一次离开家乡，发现自己竟然不知道地下可以跑火车，飞机上还有免费餐，大城市里竟然如此花花世界。然而，这可能是“别人家孩子”十岁前都经历过了的。到了三十岁，你忽然发现：真正的老板是个二十二岁的富二代。到了四十岁，你忽然发现：努力多年，上司是一个不会讲中文的中国人，他跟着父母从小在美国长大。到了五十岁，你忽然发现：好不容易还清了房贷，准备出去旅游了，别人却早已玩腻了山水，准备回家修身养性。这时候，你才会觉得，哪里有温柔，不过是一辈子被“这个世界”蹂躏。

公平并不是同等的生存条件，也不是同等的发展机会。即便有一天天下大同了，恐怕也做不到自然基因的公平。但这又并不是“不温柔”的佐证，这只是不同人生的版本罢了。人生没有结业考试，也没有综合排名，就像没有统一初始化一样。每个人都有自己的人生故事，富豪迷茫的空虚，不是穷人励志的痛苦所能理解的。放下对于外界环境的执着，就开始理解了，原来种种条件都是自我成长的训练环境。躺在床上抱怨不公平的时候，抱怨这个世界不够温柔的时候，你在温柔地把自己放弃了。

别指望被这个世界温柔对待，然后，你可以钻研和这个世界互动的规则。努力是有门道的，别把所有的责任都推给“这个世界”，老板没义务教你怎么工作，客户没义务告诉你他的真实需求，就算女朋友，还要等着你来猜心事。在等着被“这个世界”温柔对待之前，不如先用心对待“这个世界”吧。

别指望被这个世界温柔对待，然后，你可以拥抱一个有点硬邦邦的世界。或许已经足够用心了，或许已经用尽全力了，或许多次挫折多次奋起了。然而，拥抱“这个世界”的时候，还是会感到硬邦邦、冷冰冰，在偶尔又必然的成功到来之前，所有的失败都只是失败。如果，你抱着“这个世界”有点硌手，不妨放下来，拥抱另外一个世界：规则是一部分，努力是一部分，成功是一部分，失败也是一部分。不要期待别人温柔以待，而是温柔地看待自己的内心。温柔的感觉，是可以选择的。

别指望被这个世界温柔对待，然后，你可以专注于这个世界给予的一切。这副长相，这份天资，这个机缘，这种基因，在此之下，能做些什么？认真一点，专注于这一切，而不是因为外界的反馈就产生了种种情绪，去找到一个可以推责和抱怨的出口，把自己的注意力转移到无谓的期待或者悲观的放弃上。问自己我可以做些什么，而不是我可以得到什么。

这个世界是你们的，也是我们的，但归根结底，是每个人自己的。别指望这个世界温柔，正如别指望别人替你活一样。

打破存量思维：不被曾经的拥有束缚

你或许对这样的现象并不陌生：有些节衣缩食的老人不舍得把钱花在各种生活品质的提升上，他们认为“不必要”，却把钱花在了医院；有些人在与人交往的时候，总在盘算这个人是否能给他带来可见的利益，而因此失去了很多贵人；有些人做事畏首畏尾，总在想自己行不行，自己可是失败过的，于是会很神奇地继续失败。表面看，这些人是思想老旧，是势利眼，是胆小没有魄力，实际上，在他们的生命里，一定写下了一个神奇的脚本。

这个脚本或许是穷人。所以，他们就总会对自己说，我是穷人，我曾经穷过，所以，要节衣缩食，我关注的就是如何省钱，如何获得确定的收益。这个脚本或许是失败者。所以，他们就总会对自己说，我是失败者，我曾经失败过，所以，我关注的就是如何不失败，我关注的就是如何打败别人。这些脚本有一个共同的特点：指导着人们关注过去，特别是负面的、失败的过去。

当然，曾经的经历会让人拥有处理同类事情的经验，这是过去经历的价值，也是对人的保护。但是，如果因此而限制了思维，减少了可能性，就会成为一个人发展的束缚。一个人只是关注“我有什么”的时候，就不会更多去想“我要什么”，做事情只能从已经有的资源出发，机会自然就会少；一个人关注“我曾经是谁”的时候，就不会更多去想“我想成为谁”，做事情从旧有角色出发，可能性自然也会少；一个人关注“矛盾和斗争”的时候，就不会更多去想“合作与多赢”，与人合作的时候就会互相算计和猜疑，自然也就会心累。

穷人的“穷”和失败者的“失败”，与他们书写自己的生命脚本密切相关。他们眼里总有各种困难，有各种陷阱，有各种可能的危机，即便机遇出现，他们都会怀疑地问自己：天上怎么会掉馅饼？这并不是说，我们就要盲目地“积极”，而是看到这些生命脚本给我们带来的束缚，从而摆脱他们。“逆袭”之所以难，就在于我们总把自己置于窘迫而难以翻身的境地。与此同时，摆脱过往拥有的束缚，也正是逆袭的关键。

思考 反思你的生命脚本

在你过往的行为模式中，是否觉察到有些行为总会习惯地、执着地，但又对自己有些限制地、有些束缚地发生着？尝试着发现它们，并写出这个背后你一直在告诉自己的话，这就是你“一直遵循”，却又“习焉不察”的“生命脚本”。

我曾经参加过一个性格类型培训，老师告诉我们：我们的性格特点就像面具，我们可以戴上它，也可以选择摘掉它，再换一副面具。虽然时间长了，原来那副面具会深深地粘在我们身上，但是，依然可以选择摘掉它。我的性格特点不是我，我只是拥有它而已。

是的，**我的特点不是我，我只是拥有它而已。**同样，我们每个人经历过的失败和成功，贫穷与富有，无知与智慧，都不是我，我只是拥有它们而已。同样，我们不要被已经拥有的所限制，不管是金钱、人脉、能力、天赋、性格、经验，甚至是错误，或者别的什么，那些都发生在过去，而我们是面向未来的，我们都活在一个通道里，而不是静止在一个点上。我花了好多年，才弄明白这一点。

从“我要成为谁”和“我要什么”出发，而不是“我曾经是谁”和“我有什么”出发，是摆脱束缚，实现逆袭和人生突破的关键点。后者的问题关注过去的资源，前者的问题关注未来的资源。过去的资源既可以成就一个人，也有可能限制一个人，对于普通人来说，既然想要逆袭，就一定是要突破过去的限制，塑造一个期待的未来。

说到逆袭，我就想到一个人。

寺昆是我在一次学习中认识的朋友，他的网络名是“寺昆老西”，他和我说，这是他戏谑自己的纪念。刚入行的时候，作为一个地道的福建人，会在自我介绍的时候，把“老师”说成“老西”，而如今他是国际演讲协会中国区最高级别冠军，他的演讲课在十点课堂拥有三万多学员，他一度进入新知榜前十名，他还有一个理想，是推动演讲成为大学必修课，而自己成为一个大学专研演讲的教授。

我想，你无论如何不会把这样一个知识网红和下面的人联系在一起：从小学成绩就很差，总是班级倒数五名之内，迫于压力，曾转学六次，成为当地学校最熟悉的面孔；幸运地考上大学，却依然不喜欢学习，曾创下一周补考十六门功课的纪录，有些科目，他是唯一的一个补考生，连监考老师都做无奈状；勉强毕业之后，他六年内换了四份工作，最后，自己得了重度抑郁。

是的，这是同一个人，都是个子高大，样子威猛，讲起话来却温暖可爱，大眼睛可以做出各种卖萌状的寺昆老西。

我找他做访谈的时候，知道了他从人生低谷走出来的种种细节。

他很善于掌握自己的学习方法。这一点在高三自学突击高考时就发现了，他能够用音乐的乐感和节奏来帮助自己记忆。演讲的时候也是一样，他会对着镜子练，摆上椅子练。他收藏了两千多本演讲书，自己做主题阅读，摘抄读书笔记，随时调用。

他做事努力，进行了极其“残酷”的刻意练习。最初练习演讲的时候，为了不受干扰，瞒着家人在外边租房子，经常借口在朋友家过夜反复练习。对着镜子反复讲，录下视频自己看，直到讲恶心了，就花钱买来桌椅，对着空椅子讲，他开玩笑说，现在看见椅子都很有感情了。为了一篇演讲稿，日夜打磨，直到把自己讲哭了。参加比赛前，他花钱请朋友、同学过来听自己演讲，反复找感觉。任何的学习，都离不开努力。

他给自己找到标杆。Gary Yang是他的榜样，他跟踪学习，认真研究，反复模仿，一直到了他的声音可以和Gary Yang“以假乱真”的地步。他一直视Gary Yang为自己的榜样，这也是他成长的动力。每个人学习都需要榜样，在榜样身上，有自己追求的价值观。

他对演讲的痴迷和投入渗透进了生活的种种细节。有一次在机场，飞机延误，寺昆拖着行李，去到各个登机口“看热闹”。他说，他在观察在飞机延误的情况下，机场工作人员与乘客之间的沟通对话，这些，都是他可以加工创意的素材。

他特别善于链接有价值的人，特别善于维护人际关系。初入演讲圈的时候，跟随一些老师，上了他们所有的课程。只有通过这样的学习，他才看到了大咖们的优缺点，也才发现了自己的优势，从而更有信心。也因为真诚，寺昆获得了老师们的支持，曾经的两位老师现在成为他公司的合伙人。寺昆刻意更换朋友圈，并善于维护新的朋友圈，在自己关注的领域主动帮助别人，他曾经辅导过的一位朋友也成为他入驻十点课堂的贵人。寺昆把创办公司所有的人都当作合伙人，他说自己负责产品，与不同人合作。分利给人，即便是兼职拍视频的摄影师，也从合作中获得了不菲的酬劳。于是，所有的合作者都非常给力，包括他的太太。

然而，所有这一切表现，都是一次重要的契机所触发的改变。这个契机就是女儿的出生。女儿出生的时候，他正在重度抑郁，此前，多次换工作，找不到自己的方向，最后一次因为职业表现不佳被“劝退”。女儿的第一声啼哭都没有叫醒他这个抑郁中的爸爸，被自己的父亲一脚踹进产房后，寺昆拖着沉重的身体，一步步走向女儿的床位。看向女儿的那一刻，忽然，女儿脸上露出了一个微笑。寺昆像是被击中了，心里忽然生出一个念想：我要做个好爸爸！

只有这一刻，寺昆的所有资源和能力才开始苏醒过来，才有了后来的故事。这一刻，寺昆把它叫作“精神撬棒”。

寺昆告诉我，他想颠覆行业，进而改变社会。然后，他补充道，他希望演讲这个领域会被更多人客观地了解，有更多的创新，不再被理解为成功学。他希望演讲能进入大学成为必修课，他希望更多人能因为演讲而工作得更好，他希望这个社会因为有更多人可以更好地表达自己而更加开明，他希望演讲能让这个世界的信息传递更有力。

这根精神撬棒很厉害，撬动了内在卓越的自我。这根精神撬棒，让寺昆不再考虑“我曾经是谁”“我拥有什么”，而是“我想成为谁”和“我想要什么”。

看到理想自我的时候，看到未来愿景的时候，也就找到了一个人的天命，这是一个人与上天的链接，每个人都有。唯有如此，才可以让人真正逆袭，因为唯有如此，一个人的所有资源才会被调用。

逆袭的关键，在于朝向未来要去的方向，而不被曾经的拥有所束缚。

投资自己：把一切做到极致

一个人准备好了要自我突破的时候，眼睛看向远方，同时也会寻找通往远方的路径。这时候，环视周围，他看到的不再满是困难，而是看到从远方延伸过来的路径，虽然布满荆棘，但是充满确定。

就像是一个待在黑暗房间里的人，忽然从漆黑的四周瞥见一束光，即便微弱，他也会知道，发出光的地方，就是他要去的地方。诚然，面对一堵墙，寻找一条缝隙非常艰难，而循着光找过去，缝隙就出现了。

这条缝隙，就是投资自己——带着成为理想自己的信心，投资自己。这是逆袭的唯一方式。

这个时代的开放性，为普通人提供了可以展示自己的平台。前提是：你够资格上台。结果是：你的表现要足够好。之所以说这个时代非常开放，就是因为对上台的资格越加放宽——每个人都可以有自己的微信公众号，每个人都可以开一个自己的网络直播间，每个人都可以上传自己录制的音频、视频。区别是——你写的文字是否能打动人，你讲的内容是否能吸引人，你是否能在抓取人们眼球的同时，为人们提供持续的价值。

这个时代的开放，同时也催生了人心的浮躁，人们开始关注一些技巧性的方法。我们对这样的标题毫不陌生：《如何通过写作月入10万》《如何能在一个月内增粉5万》《如何写出一本百万畅销书》《如何能在三十岁前实现财务自由》。从某种程度上讲，这些夺人眼球的题目非常奏效，吸引了趋之若鹜的"乌合之众"，然而，热闹散去，月入10万，财务自由的，还是那么几个人。

成功逆袭不是方法的问题，即便这些成功实现逆袭的牛人们将方法和盘托出，能拿到结果的人也少之又少。实际情况是，那些"方法"多是事后总结出来的，逆袭的时候，他们的成功靠的并不是这些。方法就像是一艘小船，要有载舟之水，方可行船。看似满载成果，轻松到达彼岸，实则这样的成果都源自持续的自我成长。有多少成长，就有多少载舟之水，也就能行多大的船，载多大的成果。如果不希望生命之舟搁浅，唯一的方法也就是持续学习和成长。投资自己，就是逆袭的唯一方式了。

如果不希望生命之舟搁浅，唯一的方法
也就是持续学习和成长。

有些路径必须正视，不可逃避。有人说，我家里穷，没上过几天学，没什么学历，在大城市该怎么打拼？是否有学历，并不是最重要的，但是必须得读书，可以没有学历，但是不能没有知识，读书是提升自己认知的便捷方式。有人说，我没有人脉，没有家族庇荫，在职场上该怎么混？不是每个人都有父母亲戚给编织好现成的人脉网络，但是人在职场，必须要懂得如何处理人际关系，懂得为人处世也是成功的必经之路。有人说，我并不貌美英俊，在拼颜值看长相的时代，如何能够搏出位？我们没有活在影视剧里，每个人都知道，长相也如其他因素一样呈比例分布，除了一些特殊职业之外，比天生的颜值更重要的，是一个人对自己仪表的关注，可以没有天生丽质，但是不能毫不在意，随意邋遢。

只有正视了这些必然面对的功课，方法才会出现。永远不要对一夜暴富有任何的幻想，那只能是失败者的意淫，就像是买彩票为了中头奖，每次下注也都是在缴纳智商税一样。当然，我知道，有些人“看上去”就像是一夜暴富，所有逆袭者都是如此。

2016年逆袭成功的最知名新媒体网红之一就是剽悍一只猫了。一年时间，他的微信公众号粉丝从零开始，增长近一百万。我周围的人几乎没有不认识他的了，个人成长圈里的大咖评价他的时候，都是竖起大拇指。凡是他发起的活动，一定会引发轰动。他在“一块听听”上做直播，听众同时达到七万人，那时的“一块听听”还是一个新平台，这个收听数量一直保持纪录。他在“饭团”上开团，二十四小时内就有一万多人订阅，在此之前，饭团的最多订阅数只是一千多。他在“千聊”上做分享，同时在线近十万人，赞赏不断，创造了千聊直播的纪录。

碰巧我和他很熟，可以起底他的历史。他在2016年年初采访我的时候，还并不那么“出名”。那时，他只是拥有了一个不到十万粉丝的小号，他也只是有了一个要一年采访一百人的计划。我还了解到，他出生在农村，祖传道士，法律专业毕业。之前从未进入一家组织工作过，以自由职业者的身份做过中学的英语培训，聊以糊口，勉强度日。

然而，仅仅过去半年，他就实现了逆袭。这是为什么？2016年年初，在他采访我的时候，我反采访了他。我问了他两个问题。

第一个问题，我问得很直接：你做采访要花很多时间，似乎没有一份有收入的职业，你靠什么活下来的？剽悍一只猫说，之前做过英语培训，也有过创业经历，有点积蓄，就先凑合活着。如果储蓄真是不够了，就出去讲讲课，反正采访写作是他今年能想到的一个牛 × 的梦想，他想有段时间专心做事，用心积累。所以不管怎样，也是会尽力坚持。

我想，他说到了逆袭的关键，他关注的并不是困难，而是未来的愿景。

接着，我又问了他第二个问题：很多人苦于有想法，而没有机会，你是怎么能够链接到这么多人脉资源的？这几乎是所有的职场小白和创业者都会遇到的问题，很多人往往在有了目标之后，苦于没有机会而怨天尤人。那么，剽悍一只猫的采访机会从哪里来？进而，他是如何结识原来并不在一个层级的大咖们的？

他有三招：1.进入一些圈子和社群，或者成为学员。2.通过付费咨询认识牛人。3.软磨硬泡，坚持不懈。在他看来，能花钱搞定的事，都不是事。

在他看来，被人拒绝是正常情况。他说了一个让我吃惊的比率：最开始的时候，接受采访的人只有五分之一,一个月后就是五分之二，再后来能联系上的人中有百分之八十都会接受采访。希望，都是从绝望中开始的。

看来，他是一个能把事情做到极致的人。这一点，在后来的交往中，我深有体会。他发现好吃的水果，会想着周围的朋友，我家只要收到水果，不用问，一定是他送的。为了激励社群成员，半年内，他发出的红包有二十多万。

我更好奇了，方法并不稀奇，为什么他能做到极致？这个问题，我没有问他，而是仔细了解，认真观察，深入分析。

在他看来，生存永远不是问题，他关注的，只是梦想的实现。实际上，把事情做到极致这一点，他在自己身上早就做到了。在做微信公众号之前的几年内，为了学习，他自己花了几万块钱买书，在各类培训上也花了不少钱，还在各个平台上约各类牛人聊天学习。现在看来，这些都是必要的积累。他并没有觉得这是浪费钱，也没有因为自己的收入少而减少任何能想到的对自己的投资。他的眼光不只是三五年，而是一辈子，他会觉得现在的学习，终身受益。所以，在很多人看来"捉襟见肘"的经济紧张，在他看来，却是不足为虑的小困难。慢慢地，不管是自我成长、丰富认知，还是结识人脉，他所有的投资都看到了收益。

在这个开放而浮躁的社会里，越来越多的人期待短期获益的时候，能够逆袭的人，往往在逆向做长线投资。梦想家能够坚持不懈地追求梦想，就一定是能接受现实，并且与现实和平相处。目光炯炯，因为心有定见；脚踏实地，因为眼中有目标。

思考 自我投资清单

我们总说，一个人最重要的投资就是投资自己。但是，你想过没有，怎么才算是投资自己？你又是如何投资自己的？你的每次投资是否有合适的回报率？

投资项目	投资的具体内容	回报或预期回报
知识增长		
技能提升		
视野格局		
内在成长		
身体健康		
外表仪容		
兴趣爱好		

你不妨按照以下的方式梳理在过去的一年中对自己的投资：

1. 你投资过以上哪些项目？哪些是你忽略的？哪些是你不愿意投资的？
2. 你准备如何制定自己的投资策略？
3. 你会在各个项目中投资什么？金钱？时间？关注度？
4. 你期待每次投资有什么回报？如何评估？

持续学习：解锁人生各种可能

有个男孩子，因为上学的时候被老师批评受挫，放弃学习，高中毕业就开始工作了。先是做餐厅服务员，后来又去跟长途客车卖票，卖猪肉，开夜宵档，卖手机配件。做了好多，关关停停，但是一直也没有什么固定的方向，没存款、没文凭、没技术，想着创业又没资金。他给我写邮件，问我怎么办。

这是一类典型的人群，错过了读书的阶段，在尚未准备好充足的生存能力时，被扔进了社会的底层。社会底层，意味着：简单而重复的工作，视野窄、信息少，缺少人脉资源，也意味着辛苦、卑微、少回报。对他们来说，摆在面前的路子不外乎就那么几种：打工、做生意、学技术，都有风险，都有成本，做什么都是为了生存。有些人会安于现状，把一辈子活成一天的持续重复。从这样的版本来看，被称为“白领”“金领”的“精英们”也没有什么不同，他们对命运毫无掌控感，生命也像失去了灵性和活力，慢慢进入了逐渐枯萎凋零的状态。

然而，不管在什么圈子里，总会有不同的人，做着不同的事，过着不一样的生活。他们对于无趣和平庸的生活有所觉察，不希望生活如此继续，却四处寻求突破而不得要领。他们想要学习，却又头疼于课本的枯燥，更是担心考试，把学习成长和读书考试画上了等号。他们被教化出来的学习恐惧，让他们拒绝了很多可能。如果说逆袭只是持续投资自己的结果，那么学习就是投资自己的最佳方式。学习，会让一个人打开视野，转变认知，呈现出更为丰富的人生可能。

要学什么？学三类事情：想做的，喜欢做的，必须做的。任何一件想做而没做过的事情，比如创业；任何一件做过而喜欢的事情，比如经商；任何一件必须要做的事情，比如考试，都是学习的目标。人生就像一个大的游乐场，所有的价值在于主动选择一个游戏，并认真玩下去。如果只是被动地被按在一个游戏里玩，不管票价有多高，都会索然无味的。

怎么学？方法：树立目标，攻克，然后继续循环。方式：跟人学，实践中学，持续看书学。除此无他。学习，能让人活过来。因为学习过程中，拓展了视野，敞开了胸怀，获得了成长。

对于社会底层的人来说，读书是能接触到的最廉价的学习方式。建议先读三类书：

1.法律类的书。学会保护自己，免受伤害。也不必上来就读大部头的法律经典著作或者学术书籍，先从普及性的、能看懂的法律书读起，对什么感兴趣，就读什么。然后，就会发现，这个社会有很多可以保障安全的规则，利用起来，站在社会这一边，不要成为掉队的羔羊。学了法律，就会知道如何对抗坏人，如何保护自己，如何安全地独立。

2.读一些增长技能的书。可以是财务，可以是月嫂、保姆，可以是行政、文秘、写作，可以是PPT、思维脑图之类的办公软件，还可以是厨艺美发。先读书，了解一些，觉得喜欢做，就专门参加一些培训。既然不能依靠没有资源的家庭，不能依靠别人的同情，家人还得依靠你来养活，那就必须有一些技能。不要躲，也不必委曲求全。没有竞争力，那就现在开始发展，先发展出来生存的能力。

3. 读一些让人快乐的书。快乐似乎有些奢侈，但什么样的命运都有快乐的权利。就像看到每年春天发出嫩芽的小草，那种绿油油的活力。在看到孩子欢笑的时候，在咀嚼自己精心制作的食物的时候，在看到夕阳西下或晨光微露的时候，放松心情，会心一笑。快乐可以体会，也可以学习，读读会让人快乐的书，从书里快乐的人、快乐的故事里汲取能量。

读书，是一种让精神自由的方式。与书为伴，不会孤单。

投资自己，除了读书学习，还有，升华自己的灵魂。

有一个女孩，而立之年。工作经历大致就是：销售、文员、前台。中专毕业，没太高学历，似乎也没什么更能胜任的工作，就这样一直做了十多年，每天会做的事情就是参与各种八卦新闻的讨论。后来，因为卷入了两位经理的办公室矛盾之中而十分不开心，还要纠结着跳槽。她问我，有什么出路吗？

我打了个比方，不知道你是否有过这样的体验，有一些公共旱厕很脏，到了夏天，更是屎尿横流，蚊蝇乱飞，气味令人窒息。如果内急，碰巧路边只有这一个厕所，可能就没得选择。然而，进入厕所之后呢？有人会说，那还用说？赶紧解决内急，匆匆逃出。

非也，这只是一种选择。有人会选择留下来打扫厕所，有人会被恶臭熏倒，甚至，有人会渐渐麻木于环境，与蚊蝇共舞。他们说，我无处可去。

其实，这也是职场上人们的一种选择。就像那个女孩所描述的职业环境一样，各种八卦、争斗、尔虞我诈，就像是一个污秽的旱厕。如果不是为了解决暂时的生存问题，这么一个地方对一个人有什么价值呢？除非你想成为它的一部分，否则，如此继续，你一定会成为它的一部分。是的，关注什么，你就会成为什么。

“底层”有时候就意味着处于一种尔虞我诈、鸡毛蒜皮、蝇营狗苟的让自己厌恶的环境中，当一个人被周围各种乱七八糟的“垃圾事件”所影响甚至是左右的时候，慢慢就会成为你所关注的事情。不想成为你环境的一部分，就需要关注不同的东西。

人手一部手机，让信息获得变成一件不是太难的事情，是利用这部手机获得八卦信息，以供谈资，还是学习关注更为积极、正向的知识，直接决定了你给自己营造的个性化环境。比如，可以在空余时间关注专业能力提升的方法、兴趣拓展的可能，以及生活幸福的方式。

灵魂的堕落有一种方式：被环境裹挟着，然后沉沦。助力堕落的，就是内心不断索取的欲望。而使灵魂升华、轻盈的修炼，就是如此简单、艰难，需要持续。

曾经有一个女孩，就叫小丽吧，给我写邮件，因为家境困难，初中之后就不再读书了。经人介绍去了电厂工作，后来又做了文员，在打印店工作的时候被老板性侵，多次恋爱失败之后闪婚，婚后老公赌博欠下外债。在一家亲戚的企业里做文员，也就是打打杂，处理文件。少言寡语的她不善与人交流，对于大家的八卦聊天也不适应，很想改变，但又不知路在哪里。

有很多事情我们无法左右，无法选择，父母，家庭，环境，基因，天生如此。生活的境遇有时就是悲惨得让人绝望，绝望的时候，总会想，为什么命运不公？我只是想要普普通通的幸福啊！

小丽在人生的前三十年里，遇到了很多不开心甚至是痛苦的事，我写邮件回复她，对于过去，不必忘掉，也不必介怀，更不必自责和内疚。像小草一样，被践踏之后继续长起来，痛苦在适当的时候自然就会离开。草有一种精神，不是踩不坏，而是一个劲地长，一岁一枯荣，踩坏了，枯萎了，烧尽了，来年还长。看见草，就看见了生命力。

我们这一生有很多的功课需要修炼，这些功课以失败、挫折、打击、成就、兴奋、巅峰等形态出现，来提醒我们，哪些地方需要成长，哪些地方需要完善。如果总不成长，命运就会总来提醒。信或不信，这样一个角度，帮助我们打开了一种可能性，从此，可以开始欣然接纳过去的自己，开始坦然面对人生中出现的种种不如意，或者种种得意。我也告诉自己，既然是功课，那就慢慢修，每一种生命形态背后，总有一个逐渐舒展的灵魂。

普通人逆袭方法有很多，而心法却只有一个：相信梦想，投资自己。因为梦想发出来的光可以穿透黑暗期，牵引着一个人走出最艰难的时光。

职业的本质：找到你的持久竞争力

我曾经接受过一个咨询，是一个叫晓月的女孩。她中专毕业后七七八八地做了一些工作，结婚之后就和老公一起在大学附近摆摊卖各种小吃。后来生孩子，养家糊口。但是，慢慢地她发现生意越来越难做了，起早贪黑，却没什么收入。于是，就找到了我的公众号，向我咨询出路。

我觉得这样的人很了不起，生活在社会底层，并没有被生活的压力压垮，还在积极地学习，积极地成长，积极地追求改变，做着与周围人不一样的事情。我告诉晓月，她首先要做的就是赶上趋势，做出自己的独特性。这里的趋势并不是神秘莫测的行业趋势，而是已经被明显感知到的变化，只是多数人不愿意为这样的变化而改变自己，比如大学生更愿意网购，人们更愿意网络社交，更愿意接受带有情感的产品，更愿意分享，等等。

既然这是可以被感知到的变化，那就不要再用体力的方式和别人竞争，而是考虑做出差异化，将信息和知识转化为价值。做出差异性的可能性很多：网络电商的模式；了解大学生真实需求，为顾客提供差异化服务；与大学生合作创业；把写作、阅读、分享等特点与小摊贩的身份特点结合，创造生意独特性……这些都是可以考虑的可能。

做同样的事情，当了解了最新变化之后，跟上变化，就会做出与旧模式不一样的价值，这个价值就是竞争力。比如，晓月的小吃摊可以考虑高品质，考虑做健康饮食的特色，考虑互联网化，做微信下单、支付，还可以考虑在食品中加入每个人可以参与的故事元素。我给晓月出了一个主意，可以做一款爱心便当，在每次和大学生顾客交流中互换校园爱情主题故事，然后，写作、分享，独特性就出现了。

晓月对于这些建议非常兴奋，我告诉她，这些建议不一定有用，一定要结合你自己周围的环境进行及时调整，做出改变。只需要记得一点，不断问自己：你服务的对象是谁？他们需要什么？你有什么方式可以更好地满足他们的需求？

机会和资源都会倾心主动的人，主动学习，主动成长，主动寻求改变，主动在现有条件下创造出新的价值，主动提升自己的核心竞争力。所有普通人在希望逆袭的时候，就已经具备了“种子的力量”，这是一种不甘平庸的、向上的生命力。他们需要重新塑造自己，塑造自己的意识，进而是习惯，最后你的能力将发生改变，使你脱胎换骨。虽然他人看到的情况，改变的顺序恰恰是相反的：能力提升了，收入增加了，更加优秀了，与众不同了，逆袭了。

对于一个逆袭的人来说，绝不会止步于改善生活条件，那样会让一个人动力不足，他们会关注更远的方向，并希望在远处的方向上看到自己的愿景。看到愿景的时候，一个人会更有动力，不会再纠结于手上的资源是否充足，也不再做横向比较，而是根据未来的方向去配置资源，争取资源，撬动资源。这个方向与职业的本质相关，每一份职业都有一个本质，这个本质是关于这种职业存在意义的，而个人愿景恰恰要在这个本质意义中存在。

什么是职业的本质？一个职业的产生，是社会的广泛需求推动出来的。那么，从产生的那一天起，一个职业的本质就在于一份职业的存在给人类社会带来的价值。缺少价值的职业，不会持续存在，同样，不追求职业本质的从业者不会成为行业翘楚，也自然不能实现“惊天逆袭”。

比如说做公务员，很多刚毕业的大学生还在被家人逼着考公务员，据说，公务员稳定，有保障，社会地位高，或许还会有各种便利。且不说这种意识十分落后，有很强的投机心理，关键是，这样的意识根本没有关注到公务员这一职业的本质不在于这些所谓的“福利”，公务员的职业本质在于：为人民服务。只有遵守了这一本质的人才不会有清贫的抱怨，不会有升职的焦虑，不会有违法乱纪的企图，才有可能获得真正的职业幸福感。

再比如说医生，这一职业被誉为“白衣天使”，救死扶伤，体恤伤病，挽救生命，这是这一职业的本质。但有不少人劝慰后生报考医学院的目的却只是：将来家里有人生病了，医院有人好办事。现实中，还真的是这样，医院有熟人，挂号容易，看病不用排队，住院优先安排，似乎得到的确诊报告都更真实。但这样的结果就是会出现越来越多的紧张的医患关系，医生出现群体性价值感缺失，职业发展焦虑，不敢承担应有的专业责任。于是，自己把自己的职业毁掉了。

再比如说教师，职业本质应是教书育人，行为师范。但找我咨询的教师总会出现这样的问题：总教一本书，没有成长，于是职业倦怠；总看考试成绩，总把学生成绩和老师奖金挂钩，于是整天辛苦地焦虑，并把焦虑传递给学生。当从业者本人偏离职业本质的追求时，工作起来必然价值缺乏，动力不再，创意不再，职业成就感和幸福感也不再出现。

每一个职业都有其本质。商人的本质是要促进流通，而不是唯利是图，制造假冒伪劣；工程师的本质是要方便人的生活，而不是制造豆腐渣工程，盗取用户信息；艺术家的本质是感知、创造和传播美，而不是媚俗、耍大牌、吸毒乱性。

有很多创业者来找我咨询，我一般只问一个问题：你创业所做的事情，可以给社会创造什么样的独特价值？只问这一个问题，而且反复问。在我看来，这才是创业的本质，否则，为什么不在一家既有的组织中实现自我价值呢？

诸如此类，一百种职业就有一万种对于职业的理解，当这些理解偏离职业本质的时候，职业的发展不可能一帆风顺，甚至会误入歧途。我们关注职业本质，并不是要做道德层面的评价，而是在本质中寻找到个人发展的方向。

当这个社会越来越关注个人价值实现的时候，人们自然就会考虑到这样的一个问题：实现个人价值的载体是什么？当然是职业。如果找对了职业，人的价值在工作中得以实现，人与职业就会互相成就。如果找错了职业，人与职业满拧，人与职业就会互相伤害。

那么，人们所看重的收入、物质回报、福利待遇，难道就不重要了吗？当然不是，不仅重要，而且重要到无须多言。因为人人都关注生存，关注物质回报，所以这反倒成了一种基本的诉求和考虑因素。反倒是当人们关注职业的本质，关注一份职业能够带来的社会价值时，相应的物质回报才会随之而来。

对于一份职业本质的思考，会让人有以下收获：

1.清晰自己工作的意义

我们经常会迷失于忙忙碌碌，苦恼于停止成长，种种倦怠往往来自对自己工作的不认同。有人做工作如和尚撞钟，还有人把所有的期待寄托于下一代，生生地把大好年华，宝贵生命降格为衣食住行，图谋生存。整天面对一份没有意义的职业，要么抓狂，要么无可奈何地心如死灰，这样的人生源于缺少人生价值意义的思量，更是源于对自己职业的不认同，这种不认同又来自对职业本质的不理解。一个对自己职业不尊重的人，不可能把工作做好。

2.扩展发展空间

任何一份职业都有很大的空间，这个空间就在于对职业本质的持续发问。我看到一个故事，说是日本东京羽田机场的清洁工新津春子被誉为“国宝级匠人”，我想她的出色不仅仅是表面上看到的细节上专业精湛，更重要的是她在用自己的行动阐释对于清洁工职业的理解。清洁工尚且可以如此用心，那么教师、医生、工程师、销售……这些职业为什么不能呢？有人会抱怨现实中有很多我们发展起来会受制约的因素，但是一旦关注本质，这些困难不就是可以发挥价值的空间吗？

3.让职业承载个人价值

当我们关注职业价值的时候，我们才会认真而准确地选择一份让我们满意开心的职业。刚入职场，我们看学历，看能力，看背景，慢慢地，当我们有了更多可以选择的实力时，也会让自己内心追求的价值逐渐清晰，只有可以承载个人价值追求的职业才是最适合的职业。从某种程度上来讲，能力是否具备都不是关键问题，能力总是可以发展出来的，每个人又总是可以有自

己的工作方式。一旦某种职业实现了自己的阶段性价值诉求，就可以果断切换过去，价值才是选择一份职业的标准。

关注职业本质，会让一个人一开始就进入完全不同的车道。关注职业本质，会让一个人在逆袭的时候踩上一个可以实现理想的制高点。关注职业本质，关注可以让我们内心安定的锚。

思考 请思考职业的本质

把事情做对的方向，就是关注职业的本质。可以从以下几个方面来关注职业的本质是什么：

1．这个职业服务于谁？

2．这个职业会给社会（或者这个世界，或者客户）创造什么价值？

3．这个领域最优秀的职业者做了些什么？Ta为何如此优秀？

02

先锋：顺利跨越转型鸿沟

一个人对自我的认知，与其说是发现，或者探索，不如说是持续的成长和扩展。当我们开启对自我审视的时候，这个世界也开始向我们打开了，我们的选择才不会那么盲目。

打破职业壁垒：别以为跳槽就好了

凡是听说我是职业生涯咨询师的，都会把我的工作内容和帮助一个人进行职业转型联系在一起。

前些年，在一些公开的场合遇到企业做HR的朋友，他们都会躲着我，他们总说：“我们企业可不需要职业生涯服务，别一不小心我们的员工给规划走了。”可是，在私下，他们又总会找到我，询问自己的职业该如何发展。这不得不说是一件有点尴尬的事情了。

近些年这样的情况越来越少了，HR们自己也开始学习生涯规划的知识和生涯咨询的技能了，他们说，了解生涯越多，就越会发现在人力资源工作中的作用。而且，他们还在为自己的未来做着打算：职业生涯咨询更像是可以傍身终老的技能，结合自己的人力资源和从业背景，这似乎是一个不错的职业备胎。

尽管如此，我还是觉得大家对生涯培训、辅导、咨询这些相关服务有误解。我做过几百个生涯困惑者的咨询，其中有三分之二左右的来访者最初是带着这样的问题来咨询的：老师，你看我可以转换到哪里工作？可是，当咨询结束的时候，这些来访者中，十之七八却又调整状态，回到原来的职业中工作去了。这些人都是自己付费过来咨询的，我也谨慎地秉持着生涯咨询师的职业操守，站在客观的立场上进行全面而系统的分析。然而，咨询下来，我们发现，“从现有工作中离开”“做一个职业的转型”，这些说法往往是一些职业问题的借口，却让转型成为替罪羊。

求诸转型背后的真相是什么呢？背后往往有三类情况。

转型背后的真相

第一类求诸转型的情况是职业能力不足的逃避。职场竞争是要拼实力的，如果业务能力缺乏，一定会缺少发展机会，同时会早早遭遇职业发展的瓶颈，也自然得不到期待的回报。屡屡受挫的感觉让他们心生逃避，希望逃到一个发展理想的领域，这也是很正常的事情。

有个并不善交际的人在大学毕业的时候，为了锻炼自己的沟通能力，逼着自己做了销售。三年下来，她做得确实辛苦，而且勤勤恳恳。业绩没有落到最后，但是也总在中等徘徊。几年之后，她就有些失望了，向前看不到可能的发展空间，当下又没有让自己开心的工作体验，过去也找不到辉煌的成就感。在反复思考之后，她决定还是要尽早转型，找到适合自己发展的职业。

这是很典型的一类案例，我把他们叫作“二次失策者”。第一次失策，是明知自己的特点，却非要把弱势发展为优势，而且是在刚入职场这个关键自信建立期，失去了一个很好的发展机会。第二次失策，是遭遇屡次挫败后，决定转型，而不是认真分析，现有职业中，有什么是不需要依赖自身性格特点可以发展出来的通用能力。这两次的失策，其实都与自卑相关，希望在某一次实现“翻盘”，没想到却用错了方法。自信的建立，往往是依托于具体的小成就，是在优势发展基础上的逐渐泛化。

还有另一类能力不足的逃避者，从没想过要面对需要克服的困难，只是希望通过转型来“碰运气”——他们想，或许就有这么一个职业，一旦做起来，就会很开心地发挥天赋了。于是，他们就会陷入没有尽头的寻找中。

有位曾经找我咨询的来询者，法律专业名校毕业，擅长考试，考到了很多相关资格证书。自认为专业能力很强，只是没有机会得到施展。他先是考入一个公务员职位，然后因为不满于每天大量的事务性工作，认为领导对自己不重视，于是跳槽。本以为进入企业可以更加聚焦做事情，于是进入一家企业做法务。但是，工作没多久，又感觉上司只接受同事的阿谀奉承，并非识人善任，于是继续跳槽。也亏得他有个聪明的头脑，兜兜转转，换了好几个职位。来找我做咨询的时候，他说，这次看好了，一定要进入金融行业，挣钱多，只是愁于没有相关经验，请我给规划支招。

我知道他的问题在他自己身上。并没有着急告诉他什么求职技巧，而是一点点分析过去的职业经历，帮他换位到领导的位置来看职场的评价体系。几次分析下来，他才忽然发现，原来自己缺的不是经验，而是基本的职场认知。如果没有能力提升的调整，即便如愿进入了自己期待的职位，依然很难得到发展。

第二类求诸转型的情况是因人际关系而逃避。职场上有工作就有合作，有工作就有竞争，人与人之间出现摩擦是不可避免的。但是如果合作者之间心生罅隙，并因此而耿耿于怀，互相处处刁难，那么，不仅工作心情不好，还会很影响发展。

有一个在国企工作的中层管理者，他来咨询的时候面带愁容，并且提出了一个令他纠结好久的问题。之前是业务骨干，工作十分出色，于是连续升职。被大老板看重，提拔为人力资源的主要负责人，熟稔职场的同事都说，他这是要接近权力中心了。但是，主管人力资源的半年时间里，他非但没有体验到任何的成就感，反倒是每天都备受煎熬。原来，大老板是一个完美主义性格的人，工作能力强，对下属的要求也很高，脾气大，动不动就拍桌子骂人。之前因为做业务，并没有太多直接接触的机会，所以了解得也不多。现在做了人力资源的主要负责人，而且还被重点培养，几乎每天都要汇报工作，少不了挨骂。之前积累的成就感荡然无存，开始是谨小慎微，后来竟然神经衰弱了。他求助于生涯咨询也是无奈之举：到底还要不要坚持？还是转型回去做业务？或者直接跳槽？

这就遇到典型的人际关系危机了，这时出现的转型念头并不是主动规划出来的，而是情形所迫，不得已的一种逃避想法。只有人际关系处理好了，职业发展才能走上正轨，而“非理性”的转型只是一种“休克疗法”。为了逃避而转型，终究会回到遗憾和后悔的情绪中。

我们在职场中的人际关系问题多是与上司有关，这是我们面对权威时的挑战。除此之外，人际关系问题在同事的竞争关系中也会出现。某公司的法务主管孙女士，业务能力强，深得领导赏识，于是在离职前半年将其提升为法务总监。新任领导并没有不好的评价，但是一个同级别的同事对于法务总监一职觊觎已久，资格老，之前还是她的直接上级。这次没有得到法务总监的职位，就处处为难孙女士，不支持她的工作，还把棘手的事情推到她的部门。时间久了，新领导也有了不好的看法。孙女士带领部门开展工作，感觉到举步维艰，因此还对自己的能力产生了怀疑。一度因为工作遇挫而感觉抑郁，准备放弃现有职务，辞职另谋出路。

这样的情况在职场竞争中，并不少见。有些人甚至会因此而折戟沉沙，兵败职场，职业生涯一蹶不振。还有些人被迫转换组织，转换领域。从这个角度来讲，有些人的转型虽然不是最佳选择，但是也算不上完全盲目，实属无奈。

第三类求诸转型的情况是职业倦怠。职场人对于倦怠感恐怕一点都不陌生，一件事，做着做着就没有了激情，会出现很多重复的工作，会出现与自己兴趣相悖的工作，会出现不得不与人合作的工作。这时候，人们最先浮现出来的想法就是：不能把兴趣作为工作，否则，就再也没有了兴趣。

这其实是一种对于兴趣的误解。兴趣本来就不具备持久性，特别是作为业余爱好的兴趣，在没有成为“专业选手”之前，在没有依靠技能赚钱换回价值之前，很多的兴趣都是要“花钱”的。比如喜欢踢足球，如果没有达到运动员水平，没有上场打比赛赚出场费，那只能作为一个爱好。但是，一旦持续训练，有人又会因为单调、乏味而厌倦。这正是一般的兴趣爱好和职业之间的区别。

因职业倦怠而准备转型的职场人，最终确定转型的实属少数，原因有两种：一种情况是转来转去，最终发现自己还是只能做本行，或者转换起来并不轻松，于是作罢。另一种情况是找到了新的工作方式，没有了倦怠。

有一位中学教师，四十多岁，硕士毕业，同龄人中学历算是不错的。但是教了好多年书，早就厌烦了重复的内容，而自己对于教育事业又没有十分的热情，加上职称评定不那么如意，于是就来找我咨询，看是否适合转型。这个念头她自己也觉得不靠谱，除了做老师，她似乎并没有什么其他的职业选项，如果辞职，只能去培训机构做老师，收入虽然多一些，但是社会地位、孩子上学机会这些福利就都没有了。我们就继续分析她的其他兴趣和技能，发现她特别喜欢写作，还开了一个自己的公众号，在小领域里有些名气。慢慢地，我们就找到了这一兴趣与职业之间的关系，她可以利用写作这一手段来表达和传播作为教师的工作内容。特别是她对于学生的发展成长感兴趣，她就可以利用自己平时工作中接触的大量学生作为案例，一边研究，一边分享。这样做，既发展了自己的兴趣，又树立了自己的专业地位，职业倦怠感自然就消失了。

职业中的倦怠多数都是出现在从业十年后，如果更早出现倦怠，要么就立刻转型了，要么就是因为能力不足，意识到之后自己会做调整。而在一个领域工作了十年左右的时候，专业能力需要提升的地方都已经提升，职位晋升、收入增加这些价值回报又不大可能有太多增长，对于职业未来，不甘心就此停滞，倦怠才会出现。

有位传统媒体人，做技术出身，四十多岁，之前是单位特别倚重的技术骨干，也有过让自己引以为豪的职业经历。但是，随着新兴媒体技术的出现，自己原来的专业领域受到挑战，新人辈出。先是有一些危机感，后来，就把目光转向了发展其他可能性。其实，他是在寻找新的职业价值点。可是探索的过程并不顺利，他先是学英语，后来学管理，也都有着强烈的兴趣，可当他准备申请做讲师的时候，发现能力并不能达到要求。他在考虑是否要破釜沉舟的时候，找我来做咨询了。

我有一个重要的原则：尽量帮助来询者呈现全面的信息、大局的视野，选择权在其个人。比如转型，既要考虑到转换成本，也要考虑到继续调整和适应的成本，既要考虑到转换之后的价值，也要考虑到原有职业的价值。这位媒体技术人，最后的选择是在原有工作中嫁接进管理理念，逐步实现内部转型，等到自己有了突破之后，再去寻找新的职业可能性。有了新的努力方向，职业倦怠自然就消失了。

盲目进行职业转型，都是因为能力不足、兴趣不再、遇到障碍、拿不到价值等原因，而生出来的逃避想法。从个人来说，并不是一定要转型，而是对于当下的问题没有更好的解决方法。对于组织而言，一个人莫名其妙地就离职了。正是意识到这一点，不管是组织还是管理者都开始越来越重视个人生涯发展，他们发现：生涯发展不等于另谋职业，恰恰相反，是从多个角度帮一个人扩展职业维度，提升职业能力。

远离盲目：转型前，你需要算好这笔账

有些转型，之所以说“盲目”，一方面，因为原来的职业发展遇挫，转型只是逃避行为；另一方面，这样的“逃避”并不明智，没有解决原有问题，甚至可能会增加新的烦恼，正像是刚出龙潭，又入虎穴。

盲目的“盲点”在哪里呢？

第一类盲点：对于不熟悉职业的“美好幻觉”

很多人总有这样一种心理：没做过的职业都是好职业，别人家的工作都是好工作。在自己的职业发展出现问题的时候，第一时间就会想，我能不能跳槽过去呢？我能不能转行呢？

千万别。这可是盲目转型的最典型表现，有几类职业是最容易产生“美好幻觉”的。

第一类，兴趣类行业。比如旅游行业、健身行业。有人希望边工作边玩，比如做个瑜伽教练，自己锻炼身体了，持续积累经验了，又能有钱赚，

岂不是很好？是很好，但是你知道一个专业教练需要花多久积累专业能力吗？然后还需要做个人品牌和营销，如果依托平台，那和一个一般打工者没有什么区别，可能就不再是优哉游哉地工作了。如果独立自己做，就要面临房租、招生等问题。这个领域不像想象的那么“美”。还有人喜欢旅游，就希望以旅游为业，比如导游、旅游体验师、酒店体验师，不了解的情况下，以为只是去玩一玩，住一住酒店就算是工作了。但是，如果你知道这些职业需要会写作、会摄影、会交流，辗转不停出差的话，还会以为这个职业好玩吗？兴趣与热爱永远都不一样，花钱和赚钱也有区别。

第二类，助人行业。这又是一个容易产生“美好幻觉”的重灾区，比如心理咨询师、职业生涯咨询师、公益组织从业者、培训师。有些人因为受益于这些职业而对这些职业心存幻觉，比如做过心理咨询，对自我进行了疗愈，感觉这一职业不错，可以助人，又能赚钱。殊不知，助人者不仅要有助人之心，以此为业者更要有助人之力，这些需要经年的学习与成长才做得来。还有些人在轻松愉悦的体验中，以外行人眼光看内行，认为自己有能力从事相关职业。比如有人以为自己能说会道，可以做培训给别人分享一些经验以及知识。他们只是看到了培训师站在台前的光鲜时刻，只是看到了一两个自己可以模仿的环节，殊不知每一位成熟的培训师都有多门绝活，可以应对各种场景，是经过磨炼的。甚至有些人不追求物质回报，给别人做公益，只是认为，我都要助人了，你还要求怎样？这样的转型，于己于人都没什么好处。

第三类，高薪行业。谁都希望自己的收入越多越好，收入高，说明自己的工作有价值，因此而产生更强的成就感。但殊不知，放在整个市场上来看，行业、职业的投入与回报、机会与要求，总会形成一种相对平衡。高薪行业的入门要求会比较高，竞争会比较激烈，需要的投入也会比较高，从这个角度看，物质回报高就是正常的事情了。有些传统行业的从业者找到我做咨询，最开始的诉求就是：老师，你看我该怎么做才能进入金融行业？我能不能进入互联网行业？而一旦听我分析了这些行业的特点之后，他们又会说，原来哪个行业都不容易啊。如此看来，对一个行业根本没有了解，只是“听说”收入高，就希望把自己托付过去，确实太过草率了。

第四类，自由职业和创业。自由，是人们在职业中希望追求的一种工作状态，人们喜欢自由地安排工作时间，自由地决定工作目标，自由变换和决定工作地点，所以，就希望自己能成为一个自由职业者。这个时代是个体崛起的时代，个体的价值被尊重，被释放，被追捧，人们不仅满足于做自由职业者，还希望能够通过创业来自我实现，获得不限于自由的事业成就和梦想满足。不管是自由职业，还是创业者，这当然是个体价值最大化的实现方式之一，但同时也是能力高要求的职业。自由职业者要求有自己的“产品”，还要有将产品变现的价值链，一个人要具有一个团队的能力。而创业者更是需要承担巨大的压力和风险，忍受各种辛苦与委屈。从这个角度来看，自由需要有自由的能力，只有一个想法不能创业，只有一些技能也不能自由执业。

解决第一类盲点的唯一办法，就是加强对于不同职业的了解。了解一个职业，只需要真的搞清楚这么几个问题：

1. 这个职业的入门要求是怎样的？

2. 这个职业的发展空间是怎样的？

3. 这个职业的价值回报是怎样的？

4. 这个职业最大的缺点是怎样的？

5. 这个职业最好的企业和最牛的人都在哪里？

我把这五个问题称为“入行五问”。回答了这五个问题，基本上就对一个职业有了大致的解了。至于了解方式，可以通过网络进行信息查询，也可以找到相关从业者进行访谈，要注意的是，兼听则明，只有从多个渠道获得信息，并进行互相印证，才能了解准确的职业信息。

第二类盲点：对自我缺乏认知

我在咨询中发现，一个人在寻求转型的时候缺少目标，并不是真的需要你给他提供一些选项。实际上，即便列举了一些可能性，他们往往还是会问：还有别的选项吗？这是一种内心不安的表现，因为对自我的不了解，于是将不安表现在向外诉求。他们希望知道所有的职业可能性，然后从中选择一个自己可能喜欢的。

可惜，这样的假设并不成立。一个人永远无法在品尝之前，从一堆糖果里找到自己喜欢的那一颗。而品尝这件事，不仅仅只是对于糖果的了解，还在于对自我品味和感觉的验证：我是喜欢甜的，还是咸的？是喜欢巧克力味的，还是草莓味的？这样的体验，在职业生涯中，就是通过不同的职业经历对自我进行持续认知：认识自己的职业价值观，认识自己的兴趣方向，认识自己的性格特点，认识自己的能力优势，认识自己的行为模式。对自我的认识越清晰，就越容易寻找到符合自己特点的职业。实际上，自我的清晰认知会促进一个人有意无意地接触相关职业，而且一旦遇到，立刻可以识别。外在的表现就是容易抓住机会，容易看到机会。

自我认知的维度主要有：能力维度、兴趣维度、性格维度、价值观维度。这些维度，都是从不同侧面对一个人特质的分析，它们之间既有不同的侧重点，又有相关的链接。毕竟，人作为整体而存在，分析的时候只是进行了人为区分而已。

这些维度，都是从不同侧面对一个人特质的分析，他们之间既有不同的侧重点，又有相关的链接。

在这些维度中，能力与任务完成相关，兴趣与天然喜好相关，性格与人际沟通相关，价值观与阶段性需求以及人生追寻相关。这些维度都有各自发挥作用的用武之地：最初选择职业的时候，一定是从众多兴趣中选取自己比较了解的，然后在其中培养能力，成为某一领域的专家，这时候有些能力就变得可以通用和迁移了。这个过程中，对自己的兴趣会进一步明确，更多的选项也会出现。工作中，在与人交往的时候，会逐渐了解自己的性格特点，并且进行逐步调整，以适应工作的需要，或者找到符合自己性格特点的工作方式。在一份工作中，组织形态、企业文化、组织目标都会验证一个人的价值观。

兴趣、能力、性格、价值观，这些维度的划分，可以帮助一个人编织一张无形的列表，通过对这张列表的分析，更容易知道当下的问题所在，以及需要探索的方向。自我认知需要持续探索，探索的方法很多，基本上有三种。

第一种，求助于专业的测评量表和专业人士的解读。人们都很喜欢测评，因为那会迅速得到一个答案，但是这里要注意，如果没有专业人士的解读，一份量表基本没有什么价值，甚至会因为一些结果的误读，反而有害。同时要了解，一般的测评都只是从过往的经验中发现和总结归纳出一些特点，以及可能的相关特点，它并不能准确地预测个人的特质，所有结论都仅供参考，需要专业人士的不断确认。

第二种，有目的地进行探索，并及时归纳总结。我们终其一生都在进行着自我探索，如果愿意的话，我们每个人的特质都像是一个巨大的矿藏。换言之，与其说是进行自我探索，不如说是进行着自我扩展。在具体的工作中，我们发现我们喜欢做哪一类事情，或愿意与人交往，或愿意埋头于数据和事务的整理；我们发现即便不与别人比较，至少在自己的诸多能力中也算得上是强项；我们还会发现我们对某些价值特别看重，或是看重成就感，或是看重自由安逸。对这些发现的总结，就可以帮助我们认识自己。在这些认识的基础上，如果对自我充满好奇，还可以继续扩展，尝试做不一样的事情，这样就会在探索中丰富了自我。

第三种，在重大经历中，发现自我。我们之所以对自己的特质不敏感，就是因为我们的生活太过平淡无奇，缺少矛盾冲突。如果一个喜欢与人打交道的人做起了计算机工程师，除了开会，其他再无机会与人交流，估计他一定会感到痛苦。如果一个崇尚自由的人进入一个体制化的工作环境，那么任凭待遇有多好，也难展笑颜。生活就是如此奇妙，那些让我们不开心的部分，甚至是十分矛盾和冲突的事件中，往往隐藏着自我发现和提升的密码。这些都是自我发现的机会。

一个人对自我的认知，与其说是发现，或者探索，不如说是持续的成长和扩展。谁也不知道一个人身上的特质是天生就有的，还是后天发展出来的。但是不管怎样，当我们开启对自我审视的时候，这个世界也开始向我们打开了，我们的选择才不会那么盲目。

第三类盲点：没有对投入和收益进行充分评估

有很多人的转型是“激情”之下的行为：因为受不了老板的压迫，一气之下离职转行；因为受到吸引，幻想能够成功而转型；因为要摆脱某种束缚，而决然离开原来领域。这些激情之下的行为，往往被看作任性，而当事人却不以为然：不行再换；我也没办法；得给自己一个尝试的机会。

是否应该转型，是否需要重新定位自己的职业方向，这是一个连很多生涯咨询师都困惑的问题。我督导咨询师的时候，总有人问我：赵老师，我明知道这个来询者在原来领域发展得不好，有不努力的因素，也有组织小环境的因素。但是他对于转换行业又那么言之凿凿，充满着期待，不排除尝试成功的可能。我的咨询该怎么做呢？

很简单，我们只需要来算一笔“经济账”，就可以看出来是不是盲目转型了。

首先，要搞清楚，有两类选项，一类是关于适应的，适应原来的领域或者工作。另一类是关于转换的，转换到别的行业、职业，或者组织。这两类选项，分别有各自的价值、成本和风险。成本包括心理成本、探索成本、适应成本；价值有：新的职业可能性、确定的既得利益、可能的可预期收益；风险包括难以适应之后还需要转型的风险，不断尝试总也找不到方向的风险，等等。如果把这两类情况的价值、成本和风险都考虑清楚了，再选择起来，估计也就不会那么纠结了。

有位来找我咨询的工程师，刚工作不到一年时间，向我寻求的帮助是：看看是否适合回老家考公务员。我问他为什么会有这样的考虑时，他说出了让我惊讶的理由：因为上司对他不够尊重。接着，他讲出了自己的逻辑：每次他提出的创新建议都不被认真对待和积极采纳，所以，他会认为上司不尊重他。进而，准备离职，问了一下自己的同学，得到的说法是，每家公司都差不多。这时候，家里人又希望他能有一个稳定的工作，不要在大城市打拼了，于是，他就开始纠结：是不是自己不适合做工程师呢？是否需要转型？要不要再考一个研究生？还是回去考公务员？

听了他的考虑，我笑了，思维果然奔放啊。我帮他做一个分析：对公务员有多了解？自己是否喜欢那种工作和生活方式？如果考研究生的话，未来的目标是什么？如果继续适应原来的工作，不管是跳槽，还是待在原来的职位，最大的风险是什么？是否能够克服和避免？最大的价值是什么？自己是否喜欢？

这样一轮澄清之后，他终于发现，所谓的选项只是自己在工作不满之下的逃避而已。其实，他并不喜欢，也认为自己不能适应公务员的生活和工作方式。至于考研，本来也并未考虑，可以不作为选项。对于他来说，当下的问题在于：适应原来的工作，与尝试新的可能性之间，哪种选择的成本更低，价值更大。他一下就明白了，自己还是很喜欢工程师的工作，不然也不会总提一些创意的想法，只是不喜欢现在的工作环境和上司而已。而这里的不适应问题，既有自己需要提升的部分，也可以通过主动沟通、转换项目组等方法解决。转型，对于他来说，是一种风险更大，价值未知的选项，目前他并不准备这么做。

如此，我们发现，很多转型的方向都很盲目：一方面因现实职业发展中的问题而生出逃避的想法；另一方面逃往何处的转型方向并不清楚，与此同时，外界还有各种来自他人的干扰。在此情形之下，非理性的选择，一定会带来不理想的结果，看似是尝试，其实是“折腾”。这也是很多寻求转型的来询者经过咨询，看清楚了状况，选择了待在原职位，继续适应和调整的原因。

从这个角度来说，HR和管理者很有必要学习生涯技术，从个体发展的视角重新看待员工的职业困惑与职业选择，通过“转换”的现象看到发展的本质。

思考 自我认知的探索

从以下维度对自我进行分析与探索

1.兴趣

你会对什么样的事情感兴趣？

你喜欢做的事情具有什么共同特点吗？

你喜欢与机器、数据、事务打交道，还是喜欢与人打交道？你喜欢思考、做抽象的事，还是喜欢做具体、操作类的事情？

在你过往的经历中，你的职业和兴趣相关吗？

2.能力

你擅长做什么事？

在你做得不错的事情中，能看出你的什么能力优势吗？

做哪一类事情是你不擅长的？经过刻意练习也不行吗？

你怎么管理你的能力？

3.性格

你有什么性格特点？

在与人交往的过程中，你的交往方式有什么特点？

与你性格完全不同的人在人际交往过程中表现出来的特点，对你有什么启发？

如果尝试改变你的一些交往方式、学习方式、思考方式，让你的特点更丰富，你选择做些什么调整？

4.价值观

在做选择的时候，你看重的是什么？

你想要什么样的人生？为什么？

你的人生榜样是谁？为什么？

如果此生无憾，那是因为你做了什么？为什么？

你生命中最重要的五样是什么？

通过以上这些思考，你有什么发现？

先锋保持现象：成功具有惯性

能够实现职业顺利转型，获得成功的，一般具备一个明显特征：在原来的领域里，已经是行业先锋了。我把这一现象命名为“先锋保持现象”：能够从一个领域的先锋状态进行生涯转型，方为最佳转型方式，他们会在不同领域持续保持“先锋”的赢家姿态。就像是能够爬上一座高峰的人中，拥有爬山经验的人会占有更大比例。

这方面的名人例子非常多。比如韩寒，他的标签是作家、职业赛车手、音乐创作人，如果不是“作家”这第一个先锋，我想后面恐怕也都做不到。还有林志颖，做演员、歌星已经很炫了，他还是台湾第一位授薪赛车手，有自己的车队，他还是成功的企业家。再比如连续创业者，更容易创业成功。从明星身上，我们看到的只是一个个耀眼的高峰，其实，我们还要看到的是：他们在成为第一个先锋时所积累下来的能力、资源、认知、信心，并且在不同领域之间所做出的迁移。

可以有一个简单的计算：如果要在一个领域达到满分10分的水平，有人是从零开始，那么就要突破很多障碍。而一个人如果在其他领域已经积累了8分以上的成就，那么一般来说，有5～6分都是可以迁移过来的，这

五六分中，或许有一些技能，但更多的是做事的态度、认知和方法，再加上2～3分的学习，很快就可以达到一个比较高的水平了。

曾经有一个建筑行业的项目经理找到我来咨询转行的问题。开始咨询的时候，他满腹的抱怨：收入低，跟着项目走，非常辛苦，接触外界的视野有限，没有什么成长。还有他自己的特点：比较内向，不善谈判和博弈，所以，当做到项目管理的时候，总是缺少成就感。但是举目四望，却看不到有什么可以转行的目标。

他特别认同要靠能力换得相应的价值，于是我们就分析他的能力特点。他的劣势有：不擅长与人讨价还价，不擅长博弈式的谈判。他的优势是：有很强的执行力，凡是确定的目标，他独立完成的可能性都很大，表现得十分“结果导向”。

于是，我给他留了两个作业：一个是在现有职业中设定一些明确的目标，比如，提升沟通谈判的成功率；另一个作业是探索两个可能感兴趣的职业，写出调查报告。他很快就完成了，这一点都不意外，因为他的执行力很强，需要的只是一个具体的目标。完成之后，他告诉我，对自己的职业有了新的认识，他发现，原来在一份即便有各种抱怨的工作中依然可以有提升的空间，而现在所训练的各种能力，都可以迁移到其他领域里去。而且，因为对于理财感兴趣，他决定开始尝试做一些投资，等看到投资回报的成绩之后，再慢慢转型到投资理财顾问。

这位项目经理就是要实现“第一个先锋”的目标之后，转型才更有胜算。为什么非先锋难以转型呢？实际上，一个人在最初的领域里没有发展到行业先锋的时候，尚未积累足够的能力，与其说是转型，不如说是在进行职业方向的探索。这种情况下，从一个领域转换到另一个领域，会出现三种障碍。

其一，转型时的目标不确定。因为处于探索期，所以他们并非有确定的信念，而是在寻求一种能实现成就感的职业可能。他们经常对自己有质疑：不知道这是不是我的菜啊？适不适合自己发展？这真的是我喜欢的，还是看上去喜欢的？如果我投入了，不适合又怎么办呢？这样的犹豫，让人很难全力投入，左右摇摆，自然做不出成绩了。我在咨询中遇到的很多转型诉求者都是如此，他们在原来并没有太好发展的领域里积累的并不是自信和能力，而是不满和怀疑，即便转型，也会有投入不足的问题。

克服这一问题的方法是，如果目标不确定，给自己一个决策窗口期，要求自己一定要在窗口期内做出一个是否投入的决策。提前设定需要在决策时考虑的因素，以及决策的时间。可以通过职业调查，可以设定探索期，借此掌握更多支持决策的信息，但不要指望有了十分的把握之后再行动。给自己设定一个确定的时间作为决策窗口，在窗口期内一定要做一个决策，过往不计。

其二，储备已久的自卑。一直以来，因为没有成为先锋而没有获得优秀的感受，准备进入新领域的时候，除了有喜欢的感觉，似乎也没什么优势。于是，内心自然会思忖：我是不是要从头开始，是不是要积累好多年？这些想法看似是急功近利，其实是因为没有成功的体验，才会着急寻求证明自己的目标。很多的咨询师面对那些寻找“适合自己”“一定能够成功”方向的来询者，常常感到无力，就是因为他们无法帮助这些来询者建立起来一种“通过努力就能达到标准水平”的自信以及“只有全力以赴地持续探索才能找到天命”的经验认知。

如果自卑，就一定要看到一条规律：没有人是从零开始的。过去所学的知识、经历、思考、经验教训，都是每个人的资源，是会带入各个新领域里去的。即便是屡次的挫败，或者在挫败中的痛苦，也会从中积累出来做事情的韧性。

其三，赌徒式的孤注一掷。在一些非先锋的探索者那里，他们会有一个信念：是自己喜欢的行业，所以要全情投入。这样的全情投入包括裸辞，全年的全职学习，不计后果的努力。这本质上是一种赌徒心理，决策不理性，行为会变形。孤注一掷的致命弱点就是毫无把握地押宝，一夜暴富、一把赚回的心态会影响一个人最基本的判断能力。

破解之道就是理性考虑可承担风险的前提下，做好平衡。把所有筹码，包括家庭、幸福、稳定都投入某个可能是梦想的部分，这种胜算不大，风险较高。没有发财的赌徒，也没有梦想成真的赌徒。破解孤注一掷，就要平衡地考虑所有问题，永远不要押宝，接纳一个自己慢慢成长的节奏。开始的时候要耐心地专注一个部分，聚焦，不要着急地四面出击。

在转行的职场人那里，这三点很常见。目标不确定，所以犹豫纠结，浪费时间，最后无疾而终；自卑心理让自己与跨行成功永远无缘，即便机会垂青，也不敢接受；孤注一掷看似勇猛，但用力过猛，心态偏移，违背了成长规律，反倒不易成功。

拓展边界：找对方向，把事做好

既然非先锋转型有诸多的困难，那么，一个什么样的人才算得上是行业先锋呢？这里的行业先锋不是一种头衔，也不一定是行业内公认做出了什么成绩的人，而指的是在工作中能够创造有突破性发展的人。行业先锋一般具备两个特点：一个是能够找对努力方向，另一个是能够把事情做好。这就是说，行业先锋指的是能够在对的方向上做得好的人。

在工作中，什么才是“对”的方向？评价标准有很多，如果不涉及社会价值的评价，有一个指标最容易评判：对于个人来说，胜算最大、效率最高的方向。比如一个职场新人面对两种职位选择的时候，一家是知名上市企业，一家是初创公司，该怎么选？一个团队管理者，有两个项目机会，一个是周期长、任务难、价值受益可能很大；另一个是周期短、风险高、价值受益也可能很大，该怎么选？一个投资人面对众多创业项目，一个投资经理面对众多股票，一个职场人面对诸多猎头提供的机会，情景不同，选择方法不同，但是不可否认，除去他们的专业判断，在选择风格上却又会有着相似的模式。

行业先锋就是诸多选择模式中的一种。在选择的时候，行业先锋会看两点：第一，大家认可；第二，没有人愿意投入。大家认可，说明这是一个正确的方向，是符合大众价值的。但为什么没有人做呢？这恰恰是行业先锋高明的地方。在普通人看来，有些事情虽然很有价值，但是困难多，周期长，风险大，前途不明朗，甚至过早进入，会成为“先烈”，或者努力做了好久，只是为他人作嫁衣。而行业先锋们却往往能够笃定地从其中看到“胜算”，有时候，没有胜算也要做出胜算，于是，他们总能绝地反击，总能冲在一个领域的最前面。

在投资界，人们关注技术行业的时候，会发现一个现象：有些技术刚开始的时候喊得挺火，然后慢慢地没有了声音，再往后，过了几年，有些技术就彻底消失，有些技术又卷土重来，并且席卷行业。物联网、无人机、AR、人工智能，都具备这样的特点，为此，全球权威的技术咨询公司Gartner提出了一个新技术发展周期的曲线，叫Gartner曲线（又叫技术成熟度曲线，是指对一项新科技的发展成熟周期预测分为5个阶段：科技诞生的促动期、过高期望的峰值、泡沫化的低谷期、稳步爬升的光明期、实质生产的高峰期）。优秀的投资人关注的就是那些已经过了期望峰值，但是又能看到前景，准备爬坡的技术领域。

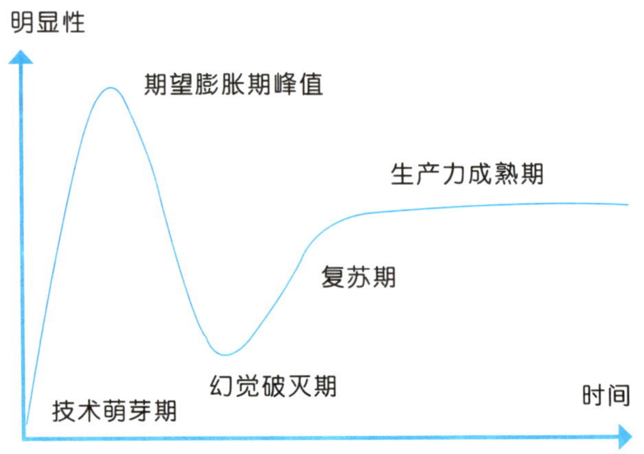

个人的职业发展与此有异曲同工之妙。有些工作，不管是行业、公司，还是职位，在最火的时候，一定是竞争最激烈的时候，比如互联网、金融，原来的外企，现在的知名民企，原来的工程师，现在的财务、人力资源。在竞争中，赢家往往是有人脉、有能力、有经验、有物质基础的人。那么，后来者怎么创造职业发展的机会呢？行业先锋可不会一味等待着时过境迁，论资排辈，他们有资源拼资源，没有资源会“拼冒险”。这个冒险绝不是赌博，不是押宝在随机性上，相反，他们的冒险在于做那些可能“确定有价值”，却“几乎没人做”的事情。

行业先锋是要做一些投入产出比可能并不“划算”的“生意”，才能翻盘自己的职业生涯。我有位来询者咨询未来的职业转型方向，问到过往的职业经历时，她谈到了自己引以为豪的一些事情。她入行化妆品销售的时候，学历很低，最开始的时候，她和别人一样向客户介绍产品，推销化妆品。慢慢地，她发现，需要通过看书学习扩展视野，积累谈资，才能和客户有话可聊。并且自己研究不同产品之间的差异，真诚地向客户介绍产品优劣。于是，她的客户越来越多，而且都很稳定。她说，其实，她也没做什么，很多同事都知道需要学习，但是很少有人这么做。

后来，我们的咨询就从这里打开了突破口，她找到了自己感兴趣的培训行业，从销售培训出发，持续学习、分享，寻找机会。咨询之后一年，她在给我的邮件中说道：“我已经开始在内部给销售们做培训了，并且收到了同行的一些培训邀请。”这就是行业先锋的做法：他们寻找的切入点并不神奇，往往是那些很多人都很看好，但是又不愿意去做的地方。从另一个角度来看，这些人在最开始的时候可能像是一个“傻子”：大家都不愿去做，肯定是需要投入很大的精力和资源，结果也未可知。可他们就是愿意坚持，执着的背后，有一种信念：事情本该如此。所以，我宁愿相信，他们追求的是把事情做好，而不是，或者不仅仅是自己的迅速成功。所以，他们才会有穿越时光的眼光。

我们每个人周围都会有这样的“行业先锋”，做销售的关注客户价值，做产品的关注产品品质，做管理的关注团队效率和员工需求。他们盯着自己的目标，而不是成本和自己的投入，这些并不斤斤计较的人，反倒成了人生赢家。

之所以说，能够成功实现生涯转型的人多是行业先锋，就在于他们总能够把先锋的状态保持下来，迁移到新的领域去。一个人职业成就的获得，不在于入行早晚，每个时期都有不同的机会，以前是“各领风骚数百年”，现在即便是一个行业的大咖，也不过是几年、十几年的风骚，何况具体到每个不同领域的小成就了。一个人职业成就的获得，也不在于前期的积累，有些积累需要经年累世，有些积累只需要几年、十几年，就看能否坐得下冷板凳了。著名管理学专家陈春花是无线电专业出身，三十岁的时候转行到管理学，花了十年时间学习、阅读，观察行业，积累资料，付出了常人难以坚持的努力，又经十年出任新希望联席董事长兼CEO。十年时间，很多人会以为很长，也确实会占据一个人有限生命的重要部分，只是，行业先锋会让这段时间有价值，而不是无谓地逝去。

行业先锋从一个领域转型到另一个领域，不仅仅是为了获得更多的成就，更不是逃避现实的困难，他们在转型中拓展着自己生命的边界。

我有个朋友，曾经跟我学习生涯咨询，年龄比我稍长，我称他“苗兄”。后来了解到了他的故事，才知道他在通信行业做了十几年，而且我们还有一个交集：都曾在华为工作过，只不过我在华为时间比较短，而他是个老华为人。我就对他学习生涯咨询的动机更加好奇了。我们谈起这件事，他说，因为对自己的方向曾有过迷茫，所以就一直进行探索，而生涯的视角帮他看到了更多的可能性。其实，不仅是生涯咨询，他还参加了好多其他的学习，关于个人成长，关于商业创业，关于健身跑步。

几年前，因为对于生命意义的追寻，他离开了通信行业。偶然的旅行，让他从一个游客成为武夷山的常住人口。再后来，他遍访茶山，学习制茶，获得了岩茶传承人的信任，慢慢开始自己制茶，经营茶叶，成为一个地地道道的茶人。每天过着闲云野鹤般的生活，品尝着制茶的辛苦，也品尝着武夷山的美妙，还体验着新媒体时代的经营创业。

随着生涯转型，他也进入了一个新的人生阶段，从此，他的生命里拓展出一种新身份。以前，在通信行业是行业先锋，未来，我相信，他会在新的领域里继续“先锋”下去。

转型必有成本：不要幻想一蹴而就

职业转换真的可以无损吗？

有些“大师”为了博眼球，往往会利用一些人的急功近利，告诉他们，经过规划的职业转型，不仅不会有损耗，而且还会整合你之前的优势，让人做自己喜欢又擅长的事情，真正成为人生赢家。这是骗子的谎话。

任何的职业转换都需要成本，即便是一次跳槽，即便是薪水增加、职位上升的跳槽，也需要一些转换的成本：人际关系需要重新维护、客户关系需要重新建立、工作文档需要重新梳理，就连上班的路线都需要重新熟悉。这怎能没有成本呢？

在跟我学习生涯咨询的人中，有不少是公司的HR，也有些是心理咨询师。我发现，那些发展快的，恰恰是在一开始就做好了打长期仗的准备。薛向阳之前是企业财务总监，有着二十多年的财务管理经验，在财务自由之后来学习生涯咨询，两年内转型成功，现在已经是很有经验的咨询师了，这样的成长速度在行业内都很少见。有一次，她和我说，当认准了一件事之后，她想的就只是需要做出什么样的努力，至于转型成功的时间，她给自己留出了超出平均水平的时间。她是做财务的，知道成本投入和成果产出之间的关系。没想到，越是不急于求成，越是能尽快看到成功。

职业转型过程中，我们需要的不是完全无损的转换，而是一次收获价值大于投入成本的转换。既然有转换，就意味着我们要停下正在做的事情，重新开启一个新的领域。即便是有很多可以迁移的部分，然而，从延续性上说，一定也会有损耗。话说回来，我们从转换中希望获得的不是延续，而是拓展，是个体对于人生意义的追寻。

职业转型过程中，我们需要的不是完全无损的转换，而是一次收获价值大于投入成本的转换。

有位来询者在生涯困顿的时候找到我，她在两年前辞掉了别人艳羡的媒体工作，因为喜欢服装陈列，开始了自己的求学之路。参加过一些培训之后，她更加确认了自己的热爱，并在其中发现了审美的天赋——她总能做到同学中最好的水平，并获得老师的赞美。转型的开始是顺利的，可是一旦进入求职环节，却发现事事都不如意，并不如自己期待的那样，可以在自己最喜欢的品牌，直接做自己最喜欢的事情。

她找到我的时候，已经处于待业闲散状态一年多了。学习之后这段时间，偶尔出去接触一些求职信息，不满意的时候就回到家里窝着。开始不以为意，直到有一天，她忽然发现自己求职的筹码越来越低的时候，才开始恐慌了。对于她热爱的服装陈列，我和她反复进行了确认，直到我在她的眼里看到了坚毅。然后，我和她一起分析之前求职的问题，指出她所表现出来的自卑和自大。我和她一起制订了一个半年计划，要她在半年时间里去拜访一些从业者，获得最真实准确的信息，并且从最接近自己水平的职业可能性开始。咨询结束的时候，她表现得怯怯的。我告诉她，不必担心，有问题再来寻求我的支持。

后面的三个月里，我接到了她的两次电话，都是求职过程中的哭诉，有被残忍拒绝的，也有找不到机会而绝望的。我知道，这是转型过程中的必然，所以，每次，我都是耐心听完，然后，鼓励她继续坚持。第七个月的时候，她又打来电话，没有短信预约，语音欢快，带着笑：“赵老师，不知道现在打电话是不是合适，但是我太想和您分享一个好消息了！”原来，三个月前，她进入了一家世界知名的服装品牌。开始的时候，以销售身份进入，和老板协商的结果是，如果做得好，将来可以转成服装陈列师。她勤勤恳恳，销售业绩在新人中名列前茅，没想到，三个月试用期还没到，就被转为陈列师岗位了。她的电话正是向我报告这个消息的。我为她高兴，告诉她："你度过了转型最艰难的阶段，接下来要在自己喜欢的领域努力向前冲了！"

一年多的困顿，半年转型成功。在很多人看来，这好像是行动力的问题：之前缺乏行动，所以没有结果。但是，在我看来，这一次之所以转型成功，是因为去除了很多的幻想：不再对无损转换心存幻想，不再对一鸣惊人心存幻想，不再对天赋等于成功心存幻想，不再对一蹴而就心存幻想。这时候，反倒容易成功了。

职业转型是有成本的，虽然和价值相比，这些成本值得投入，但是也不要因此而无视了事物发展的应有规律。

思考　职业转型的成本价值盘点

这里的职业转型，可能是跳槽、转行、升职、换岗等。这个表格只是一个思考框架，里面的所有内容都可以替换为自己的想法。关键是，通过这样的梳理和思考，帮助自己更加清晰而坚定。

职业转换的可能成本（时间、金钱、心理建设）		职业转换可能收获的价值	
放弃熟悉环境		新的发展可能性	
对于新环境的适应		自我价值实现	
学习新职位需要的技能		为未来做的准备	
优势迁移		优势发挥	
重新建立同行知晓度		资源整合	
重新寻找客户		新的挑战体验	
可能会失去的机会		结识更多朋友和高人	
最适合的年龄		远超当下的物质收益	
其他		其他	

建立角色弹性，降低转型成本

我们进行职业生涯转型的时候，也是在进行角色的转换。但我们又常常没有意识到，角色转换正是我们转型的关键。在每次人生的转折过程中，表面看，我们需要提升适应能力，实际上，我们需要的是转变角色意识。

一个大学生从学校进入职场，需要的适应能力正是从角色转变中来的：你不再是一个可以依赖家人朋友、看重努力过程的学生了，而是一个需要独立角色、结果导向的职场人。有了这样角色的转变，能力的学习和提升就会简单很多。一个执行者升职到了团队管理者，也是一种重要的角色转变：一个人做得好已经不能满足角色要求，有时候甚至恰恰相反，自己不需要做得那么好，要把更多的精力投入带领团队拿到整体的更好成绩。这些都是很简单的道理，但也正是人们进行转型时的最大障碍。

我在做生涯咨询的时候，每每遇到职业转型之后的问题，来询者都对自己需要做的事情特别清楚。从一个高管转型到创业者，他知道不仅要有执行力，还要有更大的格局与视野，要有更大的责任心。从一个打工者转型到自由职业者，他知道不仅要有好产品，还要像一个团队一样具备从营销到服务的所有功能。有意思的是，他们只是知道这些道理而已，在具体工作中，恰恰是这些地方出现了问题。个中原因，多是因为虽然扮演了一个新的角色，却从没有从新角色的角度来考虑问题，正所谓：深深陷入了角色之中，而没有角色意识。

当我们有角色意识的时候，就要认识到“角色的惯性”，进而认识到，在生涯转型的时候，就是要克服原来角色的惯性，以一种新的状态进入新的角色。**“角色惯性”是什么？是一个人沉浸在旧有角色中，没有及时建立起一种新的角色意识，进而不会表现出新角色的特点，没有适应新角色的要求与期待。**

每年高考之后，总会有安慰失利考生的一些文章。大致意思是说，从古至今，高中榜首的状元并没有几个名留青史、为人所知。这一现象在现今社会，也总表现为“高分低能”。为什么成绩好的学生，职场表现并不总是那么惊艳呢？真的是“高分低能”吗？其实二者并没有本质的联系。这一现象的原因在于，分数高的“学生”没有转变做事的思路，以为通过记忆力，可以寻求有确定标准的答案。没想到，**职场人的角色要求却常常是，经常要面对模糊情景，经常要有不确定的做法，获得不确定的结果，要不断学习和调整。**两种截然不同的角色，必然需要两种不同的思维模式，如果没搞清楚这样的规则，遇挫也属正常。

还有一类现象能够很好地说明“角色惯性”，那就是职业经理人和创业者的区别。总有大公司颇有经验的高级管理者雄心勃勃地出去创业，却鲜有人能够创业成功。他们自己有时候也很纳闷：明明管理过几百人的团队，为什么一开始创业，十几个人、几十个人都管理不好？道理也很简单，作为职业经理人，他们是在一个既定的框架下进行团队的管理。而作为创业者，他们需要自己制定规则，需要根据市场变化调整经营策略，需要为决策负责。

这些能力在之前的工作中并没有得到充分训练，如果没有这样的觉察，及时调整角色认识，而是延续原来的工作方式，那么摔跟头也是必然的。

角色惯性是一种本能的保护，是希望我们原有的经验可以发挥作用，也是一种路径依赖。但是，遗憾的是，我们面对的生活环境并非一成不变：我们总在变换自己的生活、工作场景，我们总在拓展着自己的生命维度，我们也总根据社会的变化而变化着，就连使用一个简单的社交工具，我们还会变换皮肤。在这些情况下，角色惯性就会成为一种束缚，阻碍着我们前行的脚步。此时，我们需要做的，就是建立起“角色弹性”。

角色弹性，就是根据角色的要求，变换出不同的角色能力和角色处理方式，并因此而建立起不同的角色走位，整合不同的资源。

角色弹性，就是根据角色的要求，变换出不同的角色能力和角色处理方式，并因此而建立起不同的角色定位，整合不同的资源。拥有较强角色弹性的人，会不停地切换自己的角色，在不同角色之间穿梭，游刃有余。拥有较强角色弹性的人，反倒会在转换的角色之间坚守真实的自我，因为他们清楚地知道，角色是在为自我服务。拥有较强角色弹性的人，一般都具备两种特质：谦卑敬畏，善于整合。

谦卑敬畏，指的是一开始进入新角色的状态，不是清空，而是放下。我们对“清空”这个词不陌生，但恕我直言，我们怎么做得到清空？过去的记忆、经历、知识、资源，除非大脑受了重创，否则清空并不现实。但是，当我们进入一种新角色的时候，是可以放下的，放下原来的成见，放下原来的经验，放下原来的方式，为了能接受更多的新内容、新想法，从而对未知保持好奇。这本身是一种谦卑的姿态，也是对未知世界的敬畏。

我给好多人做过培训，也参加过好多学习。我发现，在课堂上总有两类人，一类是积极地思考和提问，不管之前在自己的领域多有经验，他们总会把自己当作一个新学生。还有一类人，他们是抱着膀子的评论者，他们总会闪过这样的语言：“这就是……嘛”“这和……没什么区别”“她能讲出什么新鲜东西来呢？”且不说这会不会影响讲师和其他听课者的情绪，单对他们自己而言，只是坐在那里花了时间，却并没有真正学到什么，就更谈不上吸收和体验了。

就像是有时候在北京一些景点看到的旅游者们，他们一边走一边评论，“这和我们老家的寺庙一样”“这就只是多了一个门而已”“也就是在北京才会有这么多的人”。在他们眼里，这次旅行似乎没有什么意思，走遍了全世界，也没有离开自己的家。

这些人都是“满”的，并不是多，而是容器太小，盛不下更多的内容了。所以，注定，他们的人生角色就很少，生命就显得单薄，因为没有足够的好奇去接纳更多的可能性了。我想到一些极端的表现，比如，有人在单位做惯了领导，回到家也依然一副“领导样”，惹得家人厌烦。比如，有人固守老工艺，虽技术进步、商业发展，而没有任何改变，可以说是传承传统。但从另一个角度，也可以说是缺少角色弹性，没能将传统发扬。

拥有角色弹性的人，还具备另外一个特质：善于整合。角色弹性的价值在于能够快速适应和切换到不同角色中去，其中，既包括能够放下束缚地吸收新知，也包括能够将原来的资源迁移过来，整合进入新的系统，为自己发展新角色助力。当然，拥有较强角色弹性的人都知道，放下与整合，是一对对立统一的矛盾，而且两者有发挥作用的不同阶段：必须先放下，让新内容进来，然后积累到一定程度的时候，过往的资源才能够被整合进入新的系统。这样的个人转型发展战略，在战争中、医学上、组织发展上都有类似的表现。

转型意味着两个系统之间的转换，放下是因为看到了两个系统之间的差异，而整合就是看到了两个系统之间的共通性。

我咨询过的一个成功转型案例就很好地说明了整合的作用。小白是医学博士，毕业于著名医学院，在世界五百强就职，工作在北京最好的写字楼，拿着丰厚的薪酬，像所有一线城市白领女性一样忙碌着。别人羡慕她，却不知道，她正处于十分痛苦的状态里。那段时间，我正好很忙，不准备接新咨询了。她说服了我的助理，一定要和我通一个电话。通电话的时候在上午十一点，我听到了电话那头的嘈杂声，小白说，她正在外地出差，为了和我通话，专门跑到了室外。她急切地告诉我，非常不喜欢现在的工作，感觉自己如果继续下去，人生都失去了价值。不止于此，从一开始学医，她就感觉到这可能并不适合自己，只是因为学习好。太优秀的表现，像是买了一只脱不了手的股票，一直延续了下来。现在，她越来越感觉生涯转型的急迫性，虽然还不到三十岁，但她把自己的人生描述得似乎毫无希望。

那通电话，像是一个求救电话，小白像是一个被绑架囚禁的人，等着我去救援。我了解了几个问题，排除了一些情况，决定接了这个咨询。之后的咨询中，我们一起分析了小白的情况，反复确认她是否真的是不喜欢医学领域了。得到了肯定的回答后，我反倒是十分敬佩她的勇气。学了十年，毕业名校，工作不错，然而，离开这一领域的决心却很大。

在和小白的咨询中，我只做了两件事。第一件，帮她看清自己的生涯现状。让她知道，如果转型，必然有损失，而她的转型，是在为多年前一个不够深入的自我认知埋单。这么多年过去了，她的自我认知加深了，才会有希望转型的想法。所以，不必后悔，也不必焦虑，而是先要看到成长的价值，这是把握未来的第一步。第二件，帮她分析未来的计划。基于当下的发现，如果转型，在方向上一定要有符合新价值观的选项，然后，再从诸多选项中找到和过去资源的链接。我能看到的，只是和医学相关的可能性。至于具体的选项，我告诉小白，已经提供不出来了，需要她自己去探索。

咨询后不到一年的时间，小白告诉我她的最新动态：申请到了中科院的博士后职位，准备在一个自己非常认可的教授那里继续关于抑郁症的心理咨询研究。她喜欢与人沟通，希望做直接助人的工作，而抑郁症是她之前医学研究的一个课题。一切似乎都很完美，这个选项像是为她量身定制的。这一年的时间，她总和我保持接触，所以我自然知道她为此所付出的努力：她参加了好多心理学的培训，读了很多相关的书籍，拜访了好多相关的专业人士。她带着谦卑进行探索，于是，快速获得了这个领域的大量信息。之后遇到了感兴趣的方向，又把自己之前的资源整合了进来。于是，这个方向就是水到渠成的了。

小白充分展示了角色弹性。

一个人在生涯转型过程中，做好了准备要付出成本的时候，就会发现：角色惯性越小，转型成本越低；角色弹性越大，转型阻力和障碍就越小。对角色的认识，是一个人转型时的必经之路。

思考　关于角色的思考

1.你都有些什么角色？

2.你为你的所有角色都做了些什么？

3.你的每个角色都与谁有关？他们对你这样的角色有什么期待？

4.对于你的每次角色变化，你都有什么觉察？

5.每次角色转换的时候，你有什么办法尽快适应和调整？

转型之前，你要看到这四种价值

我们的生涯转型有四种价值：生存、增值、探索可能、追寻意义。这四种价值也分别对应着不同的转型类型。

1.为了生存的转型

有一次我在一个陌生城市网络约车，车主是某空调制造商的员工，我们聊起空调制造行业。他说，几大制造商打得厉害，其中一种打法就是互相挖人。经常会有人力资源部门通过内部员工的同学、老乡、前同事等关系挖核心技术人才，方式也很简单：高薪。把你的年收入翻番，来吗？

我问车主，来吗？他说，一般都是来的。

不可否认，收入是一个人工作的基本动力之一。人们需要生存，所以才会去工作，人们需要生存，所以才会有职业的转型。收入是一种最直接的表现，离了它不行，这是身价的重要指标，但是除此之外的身价表现还有人脉、资源调用能力、影响力、稀缺性等。所以，一个人的追求不应仅仅限于收入。

同时，收入不是用来追求的，市场经济之下，收入只是一种副产品。有能力，有价值，收入自然会提升。而往往表面快速提升的收入背后还有企业的整体战略，个人只是一枚棋子而已，是一个不可靠还会害人的假象。

只是为了收入而跳转，缺乏价值，不是一个好策略。如果让一段转型经历更有价值，一定是要超越生存本身的。

2. 为了增值的转型

这是生涯转型的第二类价值：在转型中，实现自己的价值增值。跳槽之后，职位升迁了；转行之后，能力增长了；换了领域之后，自己的价值被重新估算了；换了城市之后，机会赋予了自己更多可能性。这些都是自我价值的增值表现。

转型能带来价值增值，多是因为两个原因：一个原因是因为应对转型而带来的挑战，提升了一个人内在能力，可以在社会的价值交换中体现出来，因此而增值。另一个原因是因为转型而进入了一个能够扩展自己知名度，或者对自己有更多认可，对自己有更多估值的平台，从外在体现出增值。

有个来询者原来是做销售的，做了几年销冠后，她决定挑战做团队的管理者。一个单兵作战的销售和一个团队的管理者之间有很大的不同，这次转型，意味着她要面对很多之前没有接触过的挑战，但她愿意尝试。在她看来，虽然喜欢销售，但是如果一直做下去，自己肯定会有倦怠，而且随着年龄的增长，自己也会贬值。现在看来有些困难，也不会带来快速反馈的转型，但会为她之后的职业生涯增值。

我有一位做视觉引导的朋友小熊，之前一直在给一些大会或者培训课程做“视觉同传”，能力很强，收入也不错。我的一些课程都是请她来画视觉引导或者插图，包括这本书的插图，我很喜欢她充满创意的画作。有次吃饭，我给她提了一个建议：不要再毫无选择地接各种业务，而是选择一些能给自己带来知名度的课程，借助这样的平台，帮助自己扩展知名度，进而再开线上或线下课程，自己的价值一定会增值。而且我还告诉她，以她目前的知名度，最好选择一些大领域里的“小咖”，或者小领域的“大咖”，这些人最需要借助其他的呈现方式为课程增色，你为别人提供价值的同时，你也可以收获超出单独业务的价值。

关于能力的内在价值和关于个人品牌知名度的外在价值，经常是我们在进行生涯转型的时候要考虑的问题。

然而，不管是为了生存，还是为了增值，这些转型毕竟是为了“安身”，是为了让自己活得更体面、更成功。还有一些转型有“立命”的意义，让我们可以在转型中探索生命的可能性，追寻生命的意义。这些也是生涯转型的重要价值。

3. 探索生涯可能性的转型

我们越来越关注自己的兴趣了，也越来越关注“适合”自己的事业了，于是，很多时候，有些人显得很“任性”：可以不去考虑以前人们考虑的户口档案这些羁绊，一言不合就离职；不断跳槽，只为找到自己喜欢的工作；可以三十岁之后再学习，重新选择职业方向。于是，很多HR和管理者也很头疼：到底该怎样才能满足员工需求？到底有什么办法才能留住核心人才？

这正是这个时代的产物：一方面，父母教育、家庭教育、学校教育的水平参差不齐，有些老师和家长对于孩子还是会强迫选择、代替选择，孩子们在进入社会后有一种挣脱束缚、追求独立的逆反力量，于是，才会不接受生涯的原本轨迹，探寻属于自己的可能。另一方面，因为在青少年时期缺乏生涯教育，很多孩子并不知道如何适应社会、应对变化，也不知道如何通过各种方式来渐进地实现自己的方向，于是，他们只得选择成本较高的方式，不断开启新的可能。

有个做英语培训的老师，原来是物理学专业，但是不再想从事原来的专业，在做了几年的老师之后，也开始倦怠了。刚开始做老师的时候很有成就感，也很开心，可是后来有一种莫名的恐慌感，感觉自己做的事情像是在浪费时间，而自己也只是在毫无价值地活着。我们在做咨询的时候，进行过深入的探索，原来，虽然她在表面上一直抵触着最初父母的安排，但在她的内心，她总想用其他方式讨好家人。所以，她拼命挣钱，为了让家人感觉她混得还不错。看到了这些之后，她忽然发现，自己特别喜欢哲学的东西，爱思考，爱写作，她甚至有了一个出国留学的打算。

对她而言，不管是否留学成功，都一定是面对着一次重要的生涯转型，而且这次转型时间可能会很长，因为她需要在转型过程中不断探索出来自己真正感兴趣的部分，探索出来新的生命可能。这个过程中，她可能还需要继续讲课赚钱，可能需要尝试周围最近的一些可能，但她已经在路上了。

我们在讲生命可能性的时候，绝不是简单的“喜欢”而已，更不是以任性的方式接近“喜欢”的感觉。而是严肃地验证自己的猜测：有目标、有能力、有价值、有成果，才能说真的寻找到了可能。

我有个朋友，网名“卷毛佟”，之前也是我的同事，开始做销售，后来做市场，再后来离职。准备创业，失败，进入餐饮行业做市场。在这几年期间，一直没有停止做自媒体，做了两个微信公众号，积累了不少的粉丝。在这几年期间，一直都在旅行，在写作，在摄影。再后来，再次辞职，做起了自由职业者，开发了一门手机摄影课，学员期期爆满。

我看到的，正是卷毛佟为了探寻生命可能所做出的一次次转型，他有很多喜欢的事情，他也有过纠结，到底该选哪一个持续发展。于是，他就在持续探索中寻找和确认这些可能性。我敢说，卷毛佟肯定不会一辈子教摄影，甚至都不会超过三年。但，生命就是在一次次转型中绽放和盛开的，也是在一次次转型中靠近内心的意义。

4.追寻意义的生涯转型

我们对追寻生命意义的生涯转型丝毫不陌生。

在决定辞职的时候，我们告诉自己，再也不能忍受毫无意义的重复劳动了，我要做有意义的工作。然后，在求职碰壁三个月之后，赶紧找了一份养活自己的工作。在放弃了一份颇有成就感的职业时，我们告诉自己，这一次，我看到了生命的意义，我要追寻自己内心的声音。然而，在多次尝试未果之后，开始怀疑了，似乎那也不像是自己的生命意义了。在退休赋闲的时候，我们告诉自己，终于可以开始追寻生命的意义了，我要做我认为最有意义的事情。然后，发现已经老得做不动了，治疗身体病痛的时间占据了每天生活的大半。

生涯转型本来就有各种困难，何况是在追寻生命意义的转型呢？

其实，也只有排除了千难万险，可以放弃很多利益，依然前行着要去实现的事情，才可以真的称之为“追寻生命意义”。

我能立刻想得起来实现了“追寻生命意义转型”的人，是我最敬仰的一位老人，也是我的生涯启蒙人，一位名不见经传的普通中学老师，我的邻居杜献文伯伯。他是20世纪50年代的大学生，毕业后分配到了政府机关工作，这是一份当时人人羡慕的“好工作”，不仅端上了铁饭碗，而且处处受人尊敬。但他偏偏申请去做一名教师，他的这次申请后来还被作为“不服从组织”的证据在日后被揪出来批斗。

六十年后，在一栋老旧的单元楼里，我和他相对而坐。早已耳聋的杜伯伯虽然戴着助听器也总是听不清我在说什么，我只有听他说。他告诉我，看了我的书，知道我大概在做什么，帮助人是好事，每个人都会有自己的人生拐角，那个时候特别希望有人能指点。然后说到了他自己，他说，他就是想做老师，就是喜欢孩子，这件事现在想起来，都是很美好的。只是，那时候，他也纠结过，如果在那个拐角有人和他说说话就好了。

为自己而活的生命很美好，追寻了自己生命意义的人生很踏实。我们每个人都不是为了活着而活着，我们是为了绽放生命而活。就像是一株独特的植物，扎根在土壤里，开出属于自己的花。

耐心地善待时间，在一次次转型中完成自我救赎。

我们所有的生涯转型可以被解释为对自我的一次次救赎，也可以被看作对真实自我的一次次接近。

我们所有的生涯转型可以被解释为对自我的一次次救赎，也可以被看作对真实自我的一次次接近。为了这样的救赎和接近，我们要把时间当作一个朋友，珍重地对待它。

1.善待时间，在时间上花工夫。如果时间是一个好朋友，那就拿最好的东西给TA，把心思花在TA身上。和时间交流的方式，只有一种，就是自己每时每刻的行动。不要做无聊的事情，不要做不喜欢的事情，不要做让自己感到悔恨的事情。做心甘情愿、十分重要、对自己有意义的事情。

2.对时间要有耐心。把时间当作朋友，就要耐心付出，尽人事、竭所能，“凭时间赢来的东西，时间肯定会为之做证。”（村上春树语）耐心和用心，会赢得时间这位朋友。“只要我付出耐心，她就会陪我甚至帮我等到结果，并从来都将之如实交付与我，从未令我失望。”（李笑来语）

3.既然，时间是朋友，那就没有权利说管理或者浪费时间。我们和时间之间，只有忠诚与背叛的关系。时间的行动只有一种方式，那就是不停歇地流逝。忠诚，就是和时间一起，真诚地面对自己，做些有价值的事情。背叛呢，就是无视自己的生命，让每一天面目模糊地度过。

4.在和时间成为朋友之前，先去努力了解TA。每个人都有属于自己的时间朋友，记录时间，才能慢慢了解时间。进而，通过自己的付出让时间逐渐清晰，也因此可以更准确地感知时间。进而，在和时间交往的过程中，减少焦虑，获得愉悦和从容，也获得和时间这个朋友“合拍的”交往节奏。

做到这三点，成为人生的主人

不管是否愿意，生在这个时代，生涯转型或许就是一种重要的经历。有些转型是因为角色变化而必然发生的，比如从校园走向社会，从单身一人的奋斗者到肩负养家责任的职场中坚。有些转型是现实所迫而出现的，比如遇到了职业瓶颈而跳槽转行，职业发展没有足够价值而另谋新职。还有些转型是主动为之，比如为了提升自己能力，为了寻求梦想，为了更多的可能性。

不管是哪种转型，我们都在必然的经历中成长，只是有的时候快点，有的时候慢点。快，是因为我们有意识地主动为之；慢，是生活在花时间培养我们成为自己的主人。从根本上说，生涯转型，为的是寻找一个可以安放灵魂的家，然后用一根主线把丰富的生命主题给串联起来。

有一次，在火车站候车的时候，听到旁边两个小姑娘在讲话，她们谈到了一年前的学生生活，都是90后，显然刚工作不久。

“我们的柜台管得很严，上班的时候不让用手机。”甲说。

“我们也管得很严，上次我看了一下手机，被罚了半个月奖金。从那以后，上班我就把手机放在包里，不拿出来。”乙说。

“我们工作忙死了，一天到晚都闲不下来。”甲说。

“我们还可以，没事就坐着，有时候还能提前下班！”乙很兴奋地说。

我没再继续听下去了，只是感到一种惋惜。大好的年华，在被约束、被管理、混日子中匆匆度过，慢慢流过。

这样的人很多，在三线城市，在传统行业，在一些体制化的组织里，尤为突出。有一些咨询师问我，为什么在小城市没有职业生涯咨询的需求？我说，很多人已经放弃自己了。这个和地域、行业、组织文化有关，但到底是谁改变了谁，谁也说不清楚。我们对这样的人可能都不陌生：大腹便便，喝酒应酬，讨好逢迎，不学无术，盯着学习成绩，骂孩子没出息，却从不想，我自己自由吗？我实现过自己吗？我有梦想吗？

做自己的主人，并不以做什么工作，在哪个行业来区分，而是要看一个人的状态。这里有三个可以判断的标准：

1. 自己的工作不是被监督

工作可以承载很多期待，可能是梦想实现，可能是成就获得，也可能只是暂时的苟且，养家糊口。不管是哪种，这是自己当下所能做的最好选择，那就认真对待。让每一分钟都发挥出价值，不需要被别人监督，哪怕在客观上一直都有人监督。有没有监督，是别人的工作，用不用监督，是自己的自由。

我想到了我的一位小学老师，教我们那会儿，天天给我们义务补课，特别是成绩不好的学生，甚至都吃住在她家里，不收一分钱。许多年过去了，好多老师都忘记了，但我依然记得她，虽然我学习成绩很好，但是她也愿意批改我自己额外做的练习题，连大年初一都不例外。现在她已经七十多岁了，每次回老家，我都会去看她。她说，看到一茬茬的孩子在长大，值了。我想，没人监督她的工作，甚至，都没有什么人关注过她的工作，她是在踏踏实实地为自己活。

如果工作者给自己的工作设置了监督的目光，就会出现一种假设：你在为别人工作，所以偷工减料会给自己带来价值，或省时间，或省力气。在这个假设之下，你不可能发挥出自己的最好水平，所能获得的私利也仅仅限于一点点偷工减料的蝇头小利。这是一种双输的模式。在这个模式之下，个人永远不可能自由，因为价值空间和成长空间都被挤压在了一个很小的区域：应付交差。

自由状态是不需要被监督的，自己的生命就是最为宝贵的资本，做自己的主人，对得起自己，一定是符合工作规则的，为了争取最好结果，一定会不遗余力。所有的价值，在过程中就得到了。

2. 自己的工作不需要被允许

有一种畸形到变态的职场关系，上司和下属像是帝王与臣民，或君主与奴才。下属需要谨小慎微，需要揣度上意，而上司则认为下属的一切都是自己赐予的，不仅应该忠心耿耿，还应一切服从，成为自己的附庸。这样的关系中，双方互相伤害，成为对方生活中不可或缺的一部分。

我的朋友赵星，就是笔名“一直特立独行的猫”的那个畅销书作家，以前在公关公司的时候就不是“省油的灯”，白天操持工作，玩命写文案，晚上不管回去多晚都会继续自己的写作，有好几年时间，每天至少一千五百字。这样的玩命，从仗剑走天涯的单身女，到如今辞职创业的二孩他妈，她从未停止过。她说，我是在为自己写作，我要改变命运。

做自己的主人，当然不是为所欲为，而是在职场规范的范围内，遵守规则、实现价值交换之后，能够与人为善地彼此支持梦想实现。让自己的行动指向未来自己要去的远方。因为心有远方，所以才会边界清晰，按照规则做到应尽职责，按照规范做到分内之事，其余的，并不需要获得允许。

有时候，在一些人心里有这样的假设：你不允许，我连追梦的资格都没有。于是，这些人的交往模式就进入了逢迎讨好，过度照顾别人的看法和感受。其实，关于自己的人生，别人哪有什么“真正的想法”？

3. 自己是不用被外界激励的

对于个人来说，被激励是一件危险的事情，不管这种激励来自哪里，或许是物质奖励，或许是口头表扬，或许是赞美，或许是赞赏，或许来自领导，或许发自粉丝。这样的激励会有这样的潜台词：你做得很好，继续！

这时候要问自己：真的要继续吗？有一种毁灭，叫捧杀。可能因为无心栽柳，可能因为欲望使然，可能因为阶段性成果，可能因为群体推动，做出一些满足了别人需求的成绩，别人出于自己需要的满足，是会以各种方式进行激励，但是，这样的方向真的是自己想要的吗？

我曾经认真审视过自己做微信公众号这件事，后来当我发现，我的最重要动力源于获得读者的即时反馈时，我停止了规律的更新。因为我的写作本就不是为了读者们的赞赏和好评，而是为了传递一些我认为有价值的内容，既然如此，我就不需要把自己的关注点捆绑在辛苦的日更上，而是放在经营人生，琢磨思考，打磨文笔上。

自己有方向，是不需要被外界激励的。鲜花和掌声都是自己舞台上的点缀。

能够保持独立和自由的状态不是一件易事，诱惑与压力并存，苛责与赞美同在，清醒地守住自己的方向，需要历练，也需要考验。这还是一种习惯，慢慢地培养，慢慢地成长。从一开始就主动，从无力掌控自己命运的时候就主动，从看似毫无选项的时候就主动，主动认知自己，主动适应环境，主动调整自己，主动做自己的主人。这时候，人生路上的转型就会自然地出现和发生。

03

厚积：获得成就的秘密

能力是一个系统。我们需要掌握系统中的组成与彼此之间的关系，以及在应用中的不同作用与价值。我们要看到能力的多维度表现，像管理一个团队一样来管理自己的各种表现。

想成功，找到天赋就够了吗?

获得成就需要什么？能力？长相？勤奋？聪明？机遇？或许都对，也或许需要区分、梳理和总结。在诸多因素中，一定有某种关键的规律。在一次劈柴生火的过程中，我忽然发现了成就一件事的三个秘密：天赋、准备、机遇。

不知道现代都市里还有多少人会劈柴、生火？这一项人类生存的古老技能，随着天然气、煤气灶，以及各种电器炊具的普及，在城市里，慢慢地就消失了。在农村，在山野，人们没有现代化的设施，反倒更多地享受着大自然的馈赠，也保留着更多和自然世界的联系。

劈柴、生火、地锅做饭，日出而作，日落而息；锄禾田间，侍弄菜园；鸡犬相闻，炊烟袅袅。这是一幅让都市人羡慕，农夫村妇却习以为常，甚至企图摆脱的生活景象。其实，生活都是一样的，不管在哪里，不管做什么，事理相通，修炼相同。

有一年，我给自己安排了一次半个月的写作闭关，在东北，找了一个县城的郊区，在一所带小院的平房里。说是闭关，其实就是离开工作的城市和熟悉的环境，在一个不同的、陌生的环境里继续工作、思考、体验。我没有把自己关在小屋子里整天不出门，也每天固定时间上网和工作环境保持联系。说来神奇，环境不同，想法也就有不同了。

东北冷，这次我见识了。7月，即将入伏了，但是每天早晚还冷，需要穿长袖衣裤。住平房更是需要每天生火烧炕，这样做，不仅为了驱寒，还为了祛湿除潮。

我对于没做过的事情保持着人类本能的好奇，对于一切原始的、自然的、动手的事情尤其好奇。对于生火烧炕这件事，我表现出十分的喜欢。但是，最开始生火是失败的。

我见过别人在灶火熊熊燃烧的时候不断续柴火，拿扇子扇风鼓气，满以为这样就是生火了。于是，找了一个机会，就自己动起手来。我大概看过别人怎么做，就有样做样，先是在灶膛里放了木柴和豆秧，点燃废纸，塞进灶膛，点燃灶膛里几根易燃的豆秧。期待豆秧燃起，带动木柴燃烧。

可是，情形没有按照我预期的发生，过了一会儿，豆秧着完了，火就灭了。于是，我就重新来一次。结果，还是如此。

一定是哪个地方做得不对，我不做了，想再看看别人怎么做。

我看了一次，就发现了窍门：豆秧是引火物，放得一定要多，而且要放在灶膛底部，然后在上面架起木柴。开始放的木柴最好是小块的，易燃的，等火起来后，再续进去大木块。

我恍然大悟，一试，果然奏效。

灶膛的火焰映红了我的脸，燃烧的木头从灶膛里飘出来些许青烟，散发出阵阵木香。劈柴生火，这样一件看似简单的事情，其实和所有生涯里的事情都是一样的有趣，事理相通。

我们平时做事，追求结果的成功，就像是生火时追求最后的木柴燃烧。我们也希望能够做自己喜欢的事情，把自己的天赋发挥出来。熊熊烈火，木柴燃尽，就像是让自己的天赋发挥价值，做出一些成就，挥手离去，不枉白来世上一遭。

做事成功的第一个秘密：人之天赋，就像是木柴。有人是松木，有人是杨木，有人是槐木。松木易燃，杨木就差些。有人天资聪颖，有人反应驽钝。有人精通数理逻辑，有人识文断字。有人出生在大都市，衔玉而生；有人生在穷乡僻壤，食不果腹。有人长得好，做什么事都有人相帮；有人长得丑，看第一眼就让人躲避。这本是命运，实该认领。

然而，不管什么命，是生命，就无分贵贱。是木材，就总能燃烧。我们追求的不是比较谁的功绩更大，而是自我的价值是否充分发挥出来，生命是否实现了赋予的意义。火堆大小，都是自己这捆柴。

只是，很多人燃不着，一辈子靠着别人的火焰取暖，直到别人燃烧殆尽，自己也跟着熄灭。白白浪费了自己的天赋才华，不用功，不努力，不争取，不积极，肉体消亡，才华腐烂，天赋闲置。

这就是另外两个紧密相关的秘密：发挥天赋，尽燃生命，需要引火之物。生火时，需要的是豆秧，做事时，需要的就是准备。火石亮闪的一刹那，就是时机。灶火燃起来，即便不续柴草，也会持久不灭，这就是势。

准备与机遇是成功的另外两个重要因素，有了准备与机遇，就像是木柴有了豆秧与火石，才会燃烧，做事也才能成功。

我们的学习、历练、实践，所做的都是准备，准备有一天能让天赋发挥，让生命发挥价值，让灵魂有一个归属。

有人不看重做事的准备，期待上天有眼，期盼时机到来。时机总是有的，甚至公平得要命，就像是总有点燃豆秧的打火机。就像是我最初的时候，拿了一点豆秧去引火一样，准备得不充分，机会再多也是白费。于是，豆秧一次次被燃着，但是木柴总是冷的。

有人却又特别看重准备，以为做好准备就会拥有最好的结果，于是凡事追求完美，对于结果求全责备。谨小慎微，束缚了自己，事事不满，抱怨悠长，以致徒劳浪费，平添烦恼。就像是一直在烧着豆秧，而始终不去烧木柴一样，天赋无论多少，都一直静静地躺在那里。

有人信奉宿命，有人信奉“人定胜天”。懂得生火，就要懂得，我们只需要把生命活出个样来，让自己的木柴燃烧透了，就够了。

生命是这样，做事也是如此。

树立目标，做准备，达成结果，这是点燃豆秧，引燃木柴的过程。这是必经阶段。能把事情做得有多好，就像是木柴最后的火焰有多高，却是取决于平时的积累。人需要终身学习，其实是在发展资源、开发天赋，就像是总需要去收集木柴一样。有人在生涯中一次次地创造成就，那绝不是靠吃老本可以达成的。不仅要学习，而且要不断升级，在不同的生涯阶段，每个人的资源不同，需要的技能就会不同。

初入职场，多半是靠体力吃饭，不管是熬夜，还是出差，拼得好了，自己就提高了。慢慢地，体力受限，就要靠智力吃饭，做事就需要更有效率。再后来，大家的经验都越来越丰富了，就要看谁更有资源了。

劈柴生火是一个道理。冷锅冷灶，笨木湿柴，就需要多做准备，多烧豆秧。等到灶膛热乎了，也能捡到易烧的干柴了，豆秧用得自然就少些。只是，一时烧火，平时捡柴，一个人注重内在的自我成长，到做事情的时候，自然就容易成功。有了好烧的柴火，每次点燃就不费劲，也能抓住一次次机会。

拾柴，引火，把灶膛烧得红红火火，生火中每一个环节都那么生活，生活中每件事又都是那么相似。

做事如生火，懂得了这个道理，自然就会去掉各种攀比和嫉妒的怨气。踏踏实实地把目光放在自己身上，爱自己，爱自己的每一个特点，和这个世界积极互动，期待着把天赋发挥出价值。

做事如生火，懂得了这个道理，自然就会摒弃各种不劳而获的幻想和急于求成的烦躁。把每一次做事情的结果当作下一次开始的起点，根据反馈及时调整，不宿命论，也不张狂。只是希望通过努力，探索并遵循事情发展的本来规律。

做事如生火，懂得了这个道理，自然就会看淡机遇，而不会为了机遇而有丧失尊严的讨好，或不平愤怒的戾气。心态平和之时，反倒会更容易把握机遇。会看到，配得上天赋与准备的，满是机遇。

做事如生火，生火炼做人。

思考　成就分析

分析你过往的经历，在每一件做成功的事情中，天赋、准备、机遇，这三个要素所起的作用，分别都占几分？在分析中，你有什么发现？以后，在发现和训练天赋，认真努力地做好准备，创造、发现和等待机遇这三个方面，你有什么计划？

做成功的事情	天赋所起作用	准备所起作用	机遇所起作用
事件1	/10	/10	/10
事件2	三者加起来是10分	三者加起来是10分	三者加起来是10分
……			
……			
……			
计划			

系统化训练：把天赋变成能力

我曾经做过一个“挖掘天赋”的公益咨询项目，在我看来，每个人都有属于自己的天赋，需要被看到，发现，并加以训练、打磨，成为其优势。

然而，这个项目开展得并不顺利，来找我咨询的人，都是无比期待地问我：老师，你觉得我做什么可以发挥出来自己的天赋？那种期待的眼神让我的脑海里浮现出一个画面：一个人来求算命先生，求卜一卦，问问什么时候可以发财，什么时候走红运。

人是有命的，但是命运绝不是写在天书上秘不可宣的记录，而是一个人持续发展自己的能力，形成优势，进而将一个人的天赋与内心召唤产生链接，做成自己样子的过程。天赋有很多种，但即便是天赋异禀的人，也需要一些可以展示天赋的机会，这个机会不是一鸣惊人的机会，也不是一旦开始就连接神通的机会，那些机会都只是出现在神话传说里。最重要的机会是可以开始做一件事，然后持续地做，做出成就，天赋就出现了，优势也就形成了。能力、优势、天赋可以迁移，成就也会越来越大。

之前那个关于天赋挖掘的公益项目之所以进展不顺利，就是因为很多人并不拥有可以分析天赋的基础，却想要从寻找天赋出发，让天赋成就自己。

我经常会打这么一个比方，我们每个人都像是一块田地，地里有各种各样的种子。这些种子就是天赋，只有施肥浇水，种子才能发芽，只有做事历练，天赋才会得以施展发挥。种子慢慢长大，才会被识别出来，分辨出是钻天杨，还是松柏树，或者是水稻麦子，才能有意识地进行培育。天赋亦是如此，只有在做事的历练中，展现的天赋被发现，得到重视、培育，才能创造出更大的成就。

没有人可以在种子没有发芽的时候就断定出一棵树的模样，甚至，人们都不会在一片空地上知道地下还有种子。所以，硬要从一个没有什么成功经历或者尝试体验的人身上发现什么天赋，那就是痴人说梦了。

我也很理解那些追求天赋到有些偏执的人，越是没做过什么尝试的人，越是焦虑，越是希望利用最先进的“精密仪器”一下子探测出自己的天赋，精心护养。“不怕努力，就怕努力的方向不对。”这是他们既焦虑又迷茫的主要借口，却不知，寻找方向本就是努力的内容之一。根本不存在一个确定的方向等着人来努力，生活不会像我们曾经做过的标准化试卷，有一个标准答案等着揭秘。

调整我们对于天赋的认知，还只是对于能力认识的一个方面。我们在准备努力之前，最先要理解的，就是我们最为关注的、总要提升的、借此通往成就之路的——能力，我们对于能力的渴求如此迫切，却又不知道该如何表达它，有时甚至找不到一个可以呈现的载体。能力对我们来说，处处都在，又难以道明。

不知道大家是否留意过这样一件事：我们在职场上说到某人的能力强，通常是举例来说的，比如，做成过什么项目，拿下过什么单子。然而，在学习和提升能力的时候，却又是将能力分解的，今天学习沟通能力，明天提升学习能力。那么，拆分之后的能力，与做事情时候的综合表现之间，又是什么关系呢？

人们往往会忽略一个关键问题：能力从来不是单独存在的，能力是一个系统。

从本质上来说，能力不分彼此，在做具体事情时，体现出来的是集中综合在一起的很多能力。我们在进行商务合作的时候，一定有分析，有沟通，有讲解，有妥协，可以把过程分开来看，但是没必要把每种能力也分开来看。我们学游泳的时候，也是分开了学手部动作、腿部动作、协调起来的动作，但不是在学如何呼吸、如何放松。所以，你也不用再为“沟通能力、销售能力、谈判能力”这些说法之间的区分与关联花费心思。不同场景，不同对象，不同问题，自然有不同的应对，应对本身就是能力。当我们把能力进行分类的时候，不管是按照应用场景分，还是按照具体问题分，或者是按照和我们自己掌握的程度来分，最重要的目的就是便于管理。知道了这一目的，就会轻松很多。

能力是一个系统。这说明，我们在训练能力的时候，不可能绝对单一地进行训练。我们不可避免地在训练沟通的时候用到判断力，在训练倾听的时候用到提问能力，在训练表达的时候用到学习能力。分类进行训练，固然有针对性的好处，但是容易忽略一个目标之下的综合效果。对能力训练的这种看法，也需要重新建构我们在训练、提升能力时候的方法：把能力当作一个系统，然后在具体的问题实践中整体提升。

对于初学者来说，做一件事，特别是明确的技能，需要做一些“分解动作”，拆分来训练。比如学习制作PPT。但是在职场上，我们的学习方式就需要发生一些变化，要从拆分的技能出发，转变为从目标出发。比如，一个市场人员如果希望提升自己的能力，需要从一个市场活动的策划开始，设立策划需要实现的目标，然后动用文案写作、客户谈判、设计、社群等具体能力，哪里不足补哪里，而不是先分别学好了各种能力再来工作。实际上，即便有条件先学习好了再来工作，学习的过程也不可能脱离具体目标的实际操练。

能力是一个系统。这说明，我们需要掌握系统中的组成与彼此之间的关系，以及在应用中的不同作用与价值。我们要看到能力的多维度表现，同时，像管理一个团队一样来管理自己的各种表现。当一个人从系统的角度认识自己的时候，就不会再被自己的某种不佳表现所困扰了，甚至会认为，这只是暂时打败的一仗而已，重新排兵布阵，提升综合能力，下次就会再赢回来。

比如，同样是做销售，有人善于察言观色，把握客户的真实需求，而有些人就善于与陌生人迅速建立联系，还有人就特别善于游说客户，恰当地表达自己产品的优势。看上去，这些擅长之处只是略有区别，甚至都有些雷同。如果单一地提升能力，可能会感觉任何一种对能力的描述都需要学习，比如快速与人建立联系的能力，迅速把握客户需求的能力，呈现和表达的能力，而且这些能力有很多相似的部分。其实，换一个角度来看，你会发现，这只是每个人在“人与人沟通”这件事上有不同的表现而已。在每个人的能力系统那里，都各有擅长点，这就是在底层基础能力之上的个人独特点了。

能力是一个系统，需要对我们平日里的表现进行拆解，分析其中可以被看到的能力，分类训练，综合管理。拆解，也是分类，只是不要再从内容上进行简单的肢解，而是从性质上划分类别。当我们站在系统的视角进行分类的时候，我们就会更加理解能力，也会更加明了提升能力的路径。

所有的分类背后都有一个框架，这个框架就是一种对能力分类的假设，假设可以根据能力的特点进行区分。研究者们致力于对框架假设的合理性和科学性进行研究、分析和佐证。

比如对于能力的分类，盖洛普公司（美国一家商业调查/管理咨询公司）的一种分类就深得人心。他们把人的能力分为知识、技能、才干。认为知识是可以通过学习获得，而技能就必须实践，才干则是类似品质的优势，需要在平日的表现中挖掘和提取。这样的分类方法很好。

还有一种分类，是把一个人的熟悉掌握程度和喜爱程度考虑进去了，按照“喜欢—擅长”这样的维度来进行能力象限的划分。这样的划分框架指向人们对于能力的管理，哪些需要发展，哪些需要保持，哪些需要规避，哪些需要雪藏，分门别类，使用的时候拿出来就好了。这样的分类也很好。

我尝试提出另外一种分类，可以参考。

我认为一个人所具备的完成某件事所体现出来的综合表现就是一个人的能力，而且所有能力皆由天赋，即上天赋予的。既然上天赋予，那么眼能视物，耳能听声，舌能辨味，鼻能嗅气，这都是值得珍视的天赋。英文把天赋叫“gift”，颇有道理，上天赋予的礼物。是的，这些每个人习以为常的感官功能，也是天赋。

在天赋中，有一部分表现特别好的，特别是在世俗社会的工作生活中和别人相比，竞争起来，仍然表现很好，可以称之为“竞争优势”。当然这样的竞争优势是有范围的，可能和同桌张三比，也可能和一个行业中的优秀人才比。于是，竞争优势中，又可以区分出来特别杰出的优势，称之为“才干”，经过长时间的训练，表现出来的才干更像是与个人特质绑定的产物。

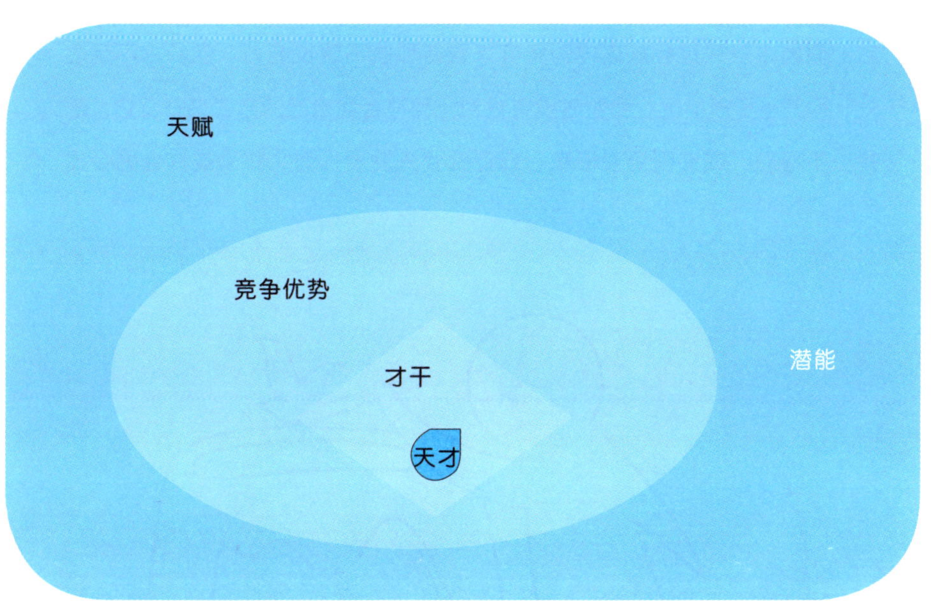

除此之外，还有一部分是天才的表现。这是最容易被人混淆的部分。天才是天赋中的极品，一般都是在二十岁之前就有所表现，甚至有所成就。比如音乐、绘画、数学等方面都不乏天才，但这毕竟是极品，人群中万分之一,百万分之一。不必纠结一定要成为天才，而暴殄天物地浪费了自己的天赋。不要奢望成为天才，但也不要放弃自己的天赋。

除了这些已经表现出来的优势之外，还有一部分是潜能，也就是潜在的优势。我们永远不知道还有什么没有开发出来的能力，就像火山，有活火山，还有休眠的火山。对世界和生命心怀敬畏，首先要对自己心怀敬畏。

这样一种看待能力的视角更为积极，似乎没有对与错，擅长与不擅长。但这并不是忽略表现不好的能力特征，也不是一味地自我满足，活在故步自封的假象中。只是会从这样的角度来看待那些不擅长能力、劣势、不足之处：那些属于潜能区，我暂时没有找到一种符合我自己的方式来开发它。于是，不着急，或许需要慢慢来，或许需要先发展优势，将来或许会融会贯

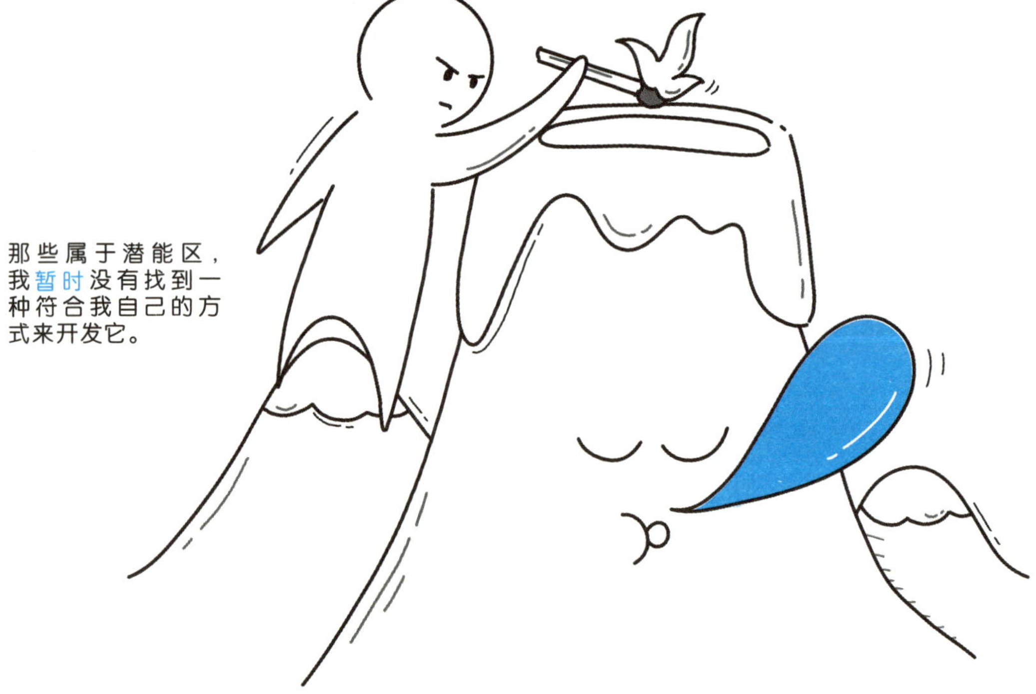

通，或许这一生都没有别人做得好（哦，这个“别人”就是我的榜样，我当然要找一个比我做得好的榜样啊）。于是，我开心地和自己的特点在一起，发挥优势，静待潜能。

关于能力的所有分类，要看到这样的意义：希望在分类中加深我们对于自己的了解，便于进行管理，并接纳自己，在和自己愉快的相处中，更好地实现自我。

思考 能力系统图谱

对于自己的能力进行梳理

被认为是“天才”的能力表现	与个人绑定的优秀“特质”	已经被验证过的竞争优势	有感觉，但尚未形成优势的模棱两可或不稳定的表现	潜能：尚未开发，暂时表现不好甚至是糟糕的能力

请注意：

1. 一定要具体化地描述，泛泛而谈，没有意义；

2. 任何一种都属于天赋，我们不要简单地喜欢或者讨厌某种能力，而要学会管理和利用这些天赋。

能力管理，打造你的独特优势

说到能力的提升，很多人的第一反应就是立刻行动，在训练和工作中提升。行动没错，但是在行动之前，更重要的是对于能力的认识，能力分类的理解是认识，能力管理也是认识，包括提升能力的方法，学习的方法，都是先有了认识，才会有卓有成效的结果。能力的提升中，三分训练，七分认识。

前段时间个人IP很火，个人品牌很火，个体崛起很火。我接到不少的咨询，都是痛苦于如何发展自己的个人品牌，把自己打造为超级IP，成为又一个崛起的典型个体。他们确实很努力，有人每天早上4点起床写作，有人凌晨两点还没有睡觉，有人同时参加好几个微信群，有人听遍了市面上所有网络课，他们也想一夜成名，也想成为励志哥，也想变成人生导师。可是，学来学去，他们忽然发现，所谓的IP还是那么几个人，其他人要么是灵光乍现，要么热闹得默默无闻。这是什么原因呢？

听了他们对于个人品牌的理解之后，我通常都会问一个问题：你有什么样的能力可以支撑起你的个人品牌？他们往往先是乱七八糟说一通，然后，自己就沉默了：对自己的能力并无信心。我经常对咨询师们说，不要奔着“打造”个人品牌去，那只能让你舍本逐末，一个人最初的，也是最重要的品牌，就是把事情做好。因为唯有如此，才能体现出来能力。

做哪个，不做哪个，怎么做，都是要先有认识，才好有行动，这些都属于能力管理的认识。

能力管理，包括两方面的事情：一方面是如何布局能力，另一方面是如何使用能力。布局能力指的是看到自己的能力状态，识别出哪些是需要提升的，哪些是需要忽略的，哪些是需要慢慢发展的。而使用能力指的是在完成一件事情的过程中，能力之间如何搭配使用。说起来，每个人都像是一个指挥作战的元帅，统领着能力队伍。

关于能力布局，有很多策略，比如取长补短，扬长避短，这说的是木桶理论中到底是该发挥长板优势，还是避免短板劣势。我认为两种看似对立的思路都有道理，最需要注意的不是要怎么做，而是怎么避免做错。

对于扬长避短的长板理论来说，最需要注意的，不是发挥优势，这无须多言，而是要注意不要让短板太短。一块短板如果短到成为整体缺陷，那么长板再长也只是一块板子而已，永远不能组成木桶。比如，有人说，我的沟通能力不好，那么我要扬长避短地发挥自己的专业能力。这没什么错，成为专家型人才，这是一种发展策略。但是如果以此为由，疏于沟通，甚至把自己的任性、自私都归因于沟通能力不足，即便再强的专业能力也毫无用武之地。这就不再是扬长避短，而是在逃避自己应有的成长。

再比如取长补短，这个策略的本意说的是学习别人的长处，来弥补自己的不足，是一种相互学习的过程。这本也没错，但一定要注意不要因此而鄙视自己的短处，否则，会出现取长也不能补短的结果。比如，看到别人的演讲能力很强，不断学习、模仿、练习也就够了，但是如果因此人云亦云，邯郸学步，那就把自己暂时的不足彻底变成了瘸腿。

我从生涯发展的角度来解读能力的布局。

有很多奇才，不拘一格，这个时代，百花齐放。然而，对于多数人来说，在不同阶段重点地、有目标地发展一些能力，甚至提前布局一些能力或许是一种省事、专注的策略。

可以把职业发展分为三个阶段来看：

第一阶段，提升专业能力。说得更直白一点，就是独立做事情的能力。这样的能力是一个人的安身立命之本。程序员提升编程能力，市场人员提升文案能力，销售人员提升杀单能力。做得好，就有奖励，有成就感，立竿见影。这一阶段以工作目标或者任务来驱动，看似提升的是某种专业能力，实际上提升了包括学习能力在内的多项综合能力，拼的是勤奋，拼的也是体力。这样的布局符合初入职场小白的职业状态，发展了职业，同时训练了基本职业素养。不要小看这个阶段，很多人连这一关都不能突破。这也是为什么很多人到了三十多岁，开始焦虑于自己的竞争力逐渐丧失，同时又迷茫于没有可以转换的方向。

第二阶段，提升与人合作的能力。有些能力，比如沟通、协作、表达呈现、团队管理等能力，有人称之为“通用能力”。我不能完全认同。因为这些能力在各个领域都有着不同的表现，只是人们不好用更为具体的表述，就统一用“沟通”“合作”来代替了，但是快消品行业销售的“沟通”与通信行业财务人员的“沟通”在表现和作用上一定有很大的区别，无法通用。但是不管在哪个领域，从个人到协作，到团队的带领者，都是一个人在逐渐升级的过程。不否认有些人钻研某个技术领域，成为大拿，但这个世界的趋势需要人们之间越来越多的合作。所以，与人合作的能力就是一个人职业生涯升级的关键阶段性能力了。“一个人可以走得很快，一群人可以走得很远。”如何与一群人一起走，不仅仅是外修技巧，还要内修品行，与人合作的能力更多涉及一个人与自我的关系。

第三阶段，提升方向感：人生方向感、行业方向感、时代趋势的方向感。决策判断、资源整合、能力迁移这些能力也不是单独存在的，只是慢慢地，在拼了体力，拼了经验之后，这些能力越来越显重要。每个阶段自有其特点，这个特点不仅仅是任务重点，还有与身体、趋势结合的部分。一个四十岁的大叔无论如何没法和二十岁的小鲜肉比拼身体年轻，五十岁的阿姨也没办法和十八岁的姑娘比身材的火辣，虽然任何事情都有例外，但内在的规律总在起着作用。在哪个阶段就发挥哪个阶段的长处，这才是布局要做的事情。不要在二三十岁的时候谈趋势，即便看到了一些，也仿佛帆船入海，摇摇晃晃，难以把握。而到了四五十岁以后，如果还不能用方向感发展职业生涯，那手里剩下的牌就着实不多了。这种方向感不一定是能清晰明了地讲出“未来最有发展的五大行业”这样忽悠人的高谈阔论，而是在投资的时候，决策的时候，交友的时候，开启新事业的时候，笃定地有所为、有所不为。

如此，才是对于能力的布局。没有哪一项优势可以一直保留，也不要认为曾经的不足会永远制约自己。根据阶段不同，有重点地发展不同能力，并有所舍弃地放下一些优势，才是我们应有的从容。

有了对自我能力的整体布局，在使用能力的时候，就是战术问题了。能力的使用要注意这么几点：

1. 在已经确定目标的任务中，要扬长避短。这是一个再简单不过的道理，但总会出现这样的情况：完美主义情结，不是使用已经证明过的擅长能力，而是盯着自己的弱势，总是希望在做事过程中证明自己。这是一个非常拧巴的逻辑，就像是上了战场，拿出自己不常用的兵器，还想一战成名，这就是找死。不仅很可能失败，还会因此受挫，一蹶不振。

有个人曾经向我求助，说自己用心不专，总是在刚开始做一件事时，又会去开启另一件事，如果不同时开始三五件事，就不会闲下来。她认为这是缺点，我却觉得这是优点，这是多任务处理能力很强，她需要做的不是否定自己，而是有意识地训练在多件事之间穿梭的能力，争取把每一件事都高效做完的能力。

2.在不擅长或者无暇顾及的地方，与人合作。知道自己的短板，还知道自己希望哪些能力会一直短下去，而这些部分就是需要和别人一起联合，或者是以授权的方式来合作的。这是自知之明，也是对自我的接纳，以及对目标的坚定。值得注意的是，持续与人合作，成为受人喜欢的人，也是一种值得提升的能力。

我认识一个自媒体人，看他平时特别悠闲，除了写作，就是见各种朋友，但是公众号打理得很好，还开了一家公司。我问他怎么做到的。他说，外包啊，找到合适的人来做我不擅长的事情。什么编辑、商务谈判、社群运营，我都不擅长，找人做就好了。与别人是合伙关系，只要分利出去，总会有合适的伙伴加入的。

3.在优势能力方面，要当仁不让地做到极致。这是一个人的看家本领，往往会在发展中期的时候逐渐形成个人特色的风格。接着，就要让这样的特色呈现出明显的辨识度，在一个项目组里，一个部门里，一家公司里，一个行业里，让自己辨识度的范围越来越广。于是，所有客户、合作者都会对你的这些优势印象深刻，而且会形成传播，品牌就慢慢建立了。

有一个很多人都心心念念的词，叫“一技之长”。来找我咨询的很多人，都希望找到自己的“一技之长”，或者发展培养出来一个。特别是理工背景的，相对内向的，仿佛有了这“一技之长”，就可以怡然自乐，关起门来，独成一个世界。其实，这样的想法早已落伍，且不说社会分工如此之细，每个人都需要合作，再说任何一项技术都发展得那么快，哪有故步自封一说？更何况，互联网缩小了人与资源之间的距离，选项已经不是问题。那么，个人靠什么发展呢？价值。这是一种重要的思维方向，不再是从自己出发，寻找一种技术，而是从他人出发，看能提供什么价值。如果一个人能持续为他人提供价值，那就会一直处于优势地位。而一个人如果能提供独特的、极致的价值，那么他的优势地位也会是独特的、稳固的。

4.在反馈中总结、分析、调整。在使用能力系统的时候，有一个特别关键的环节，就是总结分析，一次任务完成，哪些能力发挥出来了，对自己的这些表现满意程度如何，又看到了哪些潜力，未来在什么样的情况下可以进行尝试，与别人合作的方式、领域有什么新的发现。有了总结，就有了属于自己的不断升级的能力使用攻略。

如果等着任务驱动，逐渐提升自己的能力；如果等着他人提供的机会，不断升级自己的层次；如果等着被生活重重一击，再从中反省，那样的发展就会被动，发展为如愿的自己的概率就低很多。总结与分析，是在给自己一个持续认识自己的机会，也是一个新的开始。

能力是一个系统，又是系统中的一个元素，会促进我们对自我的认知，可以成为我们实现目标的工具，更是一种我们与世界互动的媒介，让我们心存敬畏，同时扩展着无限可能。

创造人生的拐角，成就是一个重要的“拐点”，而成就的创造，又是与能力密切相关的。知道如何布局和调整自己的能力系统，同时关注能力提升和训练的方法，让自己成为高手，成就的获得，就是一个水到渠成的结果了。

思考　对于不同职业生涯发展阶段的布局

1. 如果你处于第一阶段，请思考：你最需要提升什么样的专业能力？达成什么样的目标最能显示你具体的做事（执行/专业）能力？

2. 如果你处于第二阶段，请思考：你平时与人合作的情况如何？如果突破你当下的领域和项目，你给自己树立一个怎样可以挑战的目标？在实现目标的过程中，你需要如何调整与不同人的合作方式？

3. 如果你处于第三阶段，请思考：你对于趋势的判断是怎样的？你对于自己的人生方向判断是怎样的？你的事业是什么？

4. 经常思考：三类最重要的通用能力，学习能力、合作能力、自我分析和管理能力，你在这些方面的情况如何？需要如何调整和提升？

成为高手：像训练特工一样训练自己

不知你是否和我一样有这样的经历：

公交、地铁，去公司，忙碌一天，回家，打开微信运动，看到的数字是8000多步。感觉是：好累啊！

去健身房，跑步机上跑两公里，再上私教课，之后有氧运动半小时，一共两小时，晚上看微信运动，数字是不到8000。我的感觉是：身体运动之后的舒服。

同样的计步数字，背后却是不同的内容和感受，于是，我想到了那句话：你只是看上去很努力。简单的努力，低效的勤奋，掩盖了“勤奋”和“努力”背后的懒惰，掩盖了漫无目的和缺乏效率。

我们经常看到一些“鸡汤”，有人说：鸡汤有毒，还有人说，我偏要写鸡汤，因为有人爱看。如果能够深入分析，让人从中获得了更多的认知，那便是“好鸡汤”，而毒鸡汤的“毒”，在于“简单粗暴”，在于违背规律，在于让人更加被动，毒鸡汤的“毒”，在于浮在表面的那层油：让人看上去很努力，就够了。

我们早起打卡，就是为了打卡，打卡之后不是继续睡去，就是无所事事。我们告诉自己，先早起再说，然后，就没有然后了。我们写“每天三件事”，就只是写“三件事”，多了也不写，因为要“突出重点”，少了也要凑数，因为没人说少于三件事该怎么办，不去管这是不是我要做的，写出来就胜利了。我们运动，只是停留在“微信运动”里，手机不离身，是为多走几步，能让自己的运动排名靠前一些。我们汇报工作，把十分钟的微信沟通也都算进去，于是，就会看到一个长长的工作列表，让我们看上去很勤奋的样子。这样的事情能列出好多好多……很多时候，“低效的勤奋”只是为了欺骗别人，欺骗自己。我们并非不知道该如何做，只是，那会更难一些罢了。“假装很努力”，只是为了表演，只是为了获得认同安全感的哗众取宠罢了。

哗众取宠靠不住，冷暖自知。关键时刻不能出手，有多少虚名都是浪得。比如有些咨询师宣传自己，什么咨询过上万人，什么一万小时的咨询时数，这样的虚假夸张甚至都不考虑观众的智商。其实，做了多少小时的咨询并不重要，关键不在于时间，而在于水平。作为业内人，我很清楚，对于一个生涯咨询师来说，前一百个个案练习技能，一百个之后的水平就要看状态与天赋了。其实，这一百个个案的训练也是有窍门的。

我在第一年做咨询的时候，还做着管理。一年时间做了九十六个个案，每个个案的咨询记录不少于五千字，花在咨询上的时间不少于十小时，这样，一年时间内，我就有一千小时，五十万字的咨询积累。这样的强度，鲜有人能超过。虽然一年时间几乎没休息过一天，甚至后来积劳成疾，但是要想达到高技术水平，只有在短时间内通过大训练量才能达到。我很庆幸当时自己做出的选择。

哗众，确实能有取宠的效果。看看那些分享、培训、文章的标题党：月入十万，财务自由，靠兼职养活自己……偏偏这些话题是最能吸引眼球的，阅读量、听课量会出奇地多。结果呢？读者听众最后的结论可能就只是一句感叹：还是得努力。时间久了，归结一句话：这些都是鸡汤，还要说，这是毒鸡汤。

有些鸡汤之所以有毒，就在于把成就的获得简单归因于努力，不关注方法，或者说，努力的方法还是努力。这样的毒，就像是浮在鸡汤上面那层油，简单归因，华而不实，而有些人专门去喝这层油。难道，人和人的差别就只有勤奋了吗？这样的结论让一些软件很火，不管是打卡软件，还是统计软件，都有一个“炫耀”的功能，或者叫社交功能，仿佛做了，就得到了。

我看到这样一篇文章，1990年，三名心理学家在柏林艺术大学做了一项研究，根据演奏水平和潜质把研究对象分为两组，一组是优秀演奏者组，一组是普通演奏者组。研究发现：两个小组花在音乐上的时间几乎完全一样，都是每周大约五十小时。差异在于，优秀演奏者花在刻意练习上的时间是普通演奏者的三倍。这种刻意练习表现在优秀演奏者每天有两个预先精心规划好的时段，而普通演奏者则把时间均匀分配在了一个全天的范围。后来，心理学家们在研究中反复观察到了这种现象，并把这样的现象取名为“轻松的罗德奖学金悖论”。

看来，提升技能是有方法的，只有努力不行。

有一次在和萧秋水老师聊天的时候，她说的一句话让我印象深刻：要像训练特工一样训练自己，把知识转化为技能。对于特工来说，技能决定生死。这句话可以解读为，任何技能的掌握都是需要逼出来的。深度解读一下，一种技能的获得，需要通过有意识、有目标、有结果地集中进行专业训练。

把自己训练成为某个领域的高手，需要进入这样一种“刻意练习的循环”：建立目标——达成结果——有效总结——突破限制，然后循环。

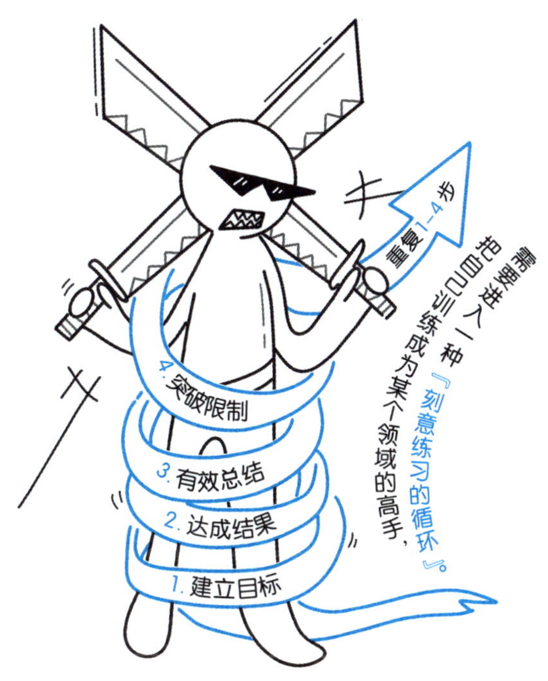

进入循环之前，首先要有这样的信念：

1. 凡是毫不费力得到的技能都缺乏价值。费力，可能是寻找方法的过程，也可能是训练的过程，还可能是验证的过程。我们不能像对待吃饭穿衣一样把一种技能的训练看作平常事，以为经过习以为常的练习就能达到了。这是一个最基本的认知，如果简单容易，那就会成为所有人都掌握的基本技能，如果是立竿可见的事关生死，那务必每个人都要学会。所以，你会发现，很多看上去都懂的道理，践行出效果的并不多，这是因为难度大。而人与人之间的差距，就在于即便简单的事情，也会有人做得不一样，这样的人叫专业人士。

2. 技能专业训练的区别是失之毫厘谬以千里，看似相仿的投入，有可能会带来非生即死的区别。为什么有人三个月就能把微信公众号的粉丝做到十万，有人连续写了一年，依然只有几千粉丝？为什么有人可以每年出一两本畅销书，而有些人写了百十万字依然无人问津？为什么我们在电影里看到的特工都那么彪悍，多才多艺？要有这样的意识：不经过规范、专业的训练，只能一事无成；不经过严苛的要求，注定平庸。特工之所以彪悍，因为容不得万分之一的失误。

如果这个时候，你的问题是：怎样才能接受专业的训练呢？那就是一个被动的人。你希望被动地接受一种已经设计好的训练，成为专业人士。这样的训练，充其量是一个认真的“好兵”。

如果这个时候，你的问题是：专业训练的核心是什么？那就是一个主动的人。你希望通过了解专业训练的特点，来建构属于自己的一套专业训练方法。这个世界不缺资源，缺的是主动的意识。

这些是专业训练的核心：

1.建立目标。在建立目标之前，就已经有了很多的思考了，目标，是这些思考的呈现和行动的开始。

刻意练习从设定目标开始。对于提升能力的刻意练习来说，好的目标是这样的：有难度，有挑战，并且有效果。有难度，指的是需要付出努力才能实现。有挑战，指的不仅是高于自己当下的水平，而且会让自己不舒服。有效果，不仅是获得能力的成就感，而且还有整体提升的有效性。有难度和有挑战是可以立刻判断的，而有效果一定是过来人可以预测到的，可能基于科学的数据判断，也可能是基于相对模糊的经验判断。但不管如何，如果没有这样的目标设定，那么一次次练习就像是一次次毫无胜算的散户跟风，是否有收益，全凭天命。

建立目标的思考，思考什么？

1.我要做什么？为什么要做这件事？价值和意义是什么？

2.这个目标足够明确吗？（可以针对明确程度打分）

3.这个目标对我来说有没有挑战性？挑战在哪里？

第一个问题，保证了行动的动力和投入的正确；第二个问题，保证了行动的确定性；第三个问题，保证了训练的有效性。

一个没有挑战的目标，不值得做。因为是要训练能力，训练的本质就是要把自己忽略的优秀习惯呈现和固化下来，或者提升、增加一些自己所不熟悉但是被验证有效的能力。

这和健身过程中的增肌训练是一个道理。小运动量的活动，只是保证气血流畅，但是在感到肌肉酸痛，无力可支的时候，最后的训练，肌肉撕裂重组，实现了增肌的目的。这就是挑战。反复有挑战的体能训练，会让肌肉记得所承担的强度，反复有挑战的智力训练，会让大脑记得困难时的应对。

刻意练习的目标设定需要足够小，保证一个人能够在耐心和毅力用完之前拿到结果，不要和人性对抗，而要学会与自己合作。当然，每个人的耐心和毅力有区别，所以目标完成周期也有不同。短时集中完成，才会让专注发挥价值，迅速拿到一个结果之后，用成绩来稳固这一果实，才有可能在成果基础之上继续提升。

2. 达成结果。只有目标，没有结果，就不会有要求，效果自然也会大打折扣。凡是不经过结果检验的过程都是一种不负责任。

没有目标就没有要求，没有结果就没有反馈，没有反馈就不会继续提升。允许自己达不到目标，但是不能对结果不进行审视。而且进行审视的时候，一定要真实地面对自己，不要矫饰，不要托词，不要逃避，千万不要有什么“这不是我想要的”之类的滑稽理由，也不要有“我获得成长了”之类的泛泛之谈。之前讲到那个关键意识，“像训练特工一样训练自己的能力”，就是要对结果死磕。

有不少人在达不到目标的时候，就开始调整目标。从10到9，从9到8，每次都是妥协一点点，微妙地，不会被自己察觉到，把自己骗过了。于是，每次都会拿到一个6分的结果，还依然满意，告慰自己说，没差太多。是的，没差太多，因为此时已经把目标调整到了6.5。在一次次自我欺骗中，看似做了那么多的努力，实际上都还只是表面功夫。而且有一句最具欺骗性的谎言：不着急，慢慢来。

可以不着急，但是，并不是糊里糊涂地降低标准。想想看，兑现承诺，也是一种优秀的表现。为什么不具备彪悍的职业能力？为什么总是难以取得成就？就是因为：在每次行动中，把自己拉到了优秀线以下，一个个过程积累起来，到了最后，就什么都不是了。

真正的高手，却是在不着急的持续高标准要求中，达成结果，提升了自己。

3. 有效总结。事情完成之后，不管结果如何，都应该进行总结。

总结反馈，就是用来稳固阶段性成果的。总结不是走过场，反馈不是简单的修正错误。反馈来源于三个方面：自己的感受；老师的指导；相关参与者、旁观者的观察。拿到这些反馈，就可以开始总结了。

我把平时做总结的方法归纳为“回馈四问”（GIVE）：

Good：过去的这个阶段中，做得好的地方是什么？

Improve：可以提升的地方是什么？

Value：这个阶段对我的价值是什么？

Effect：这样的价值对我会产生什么样的影响？

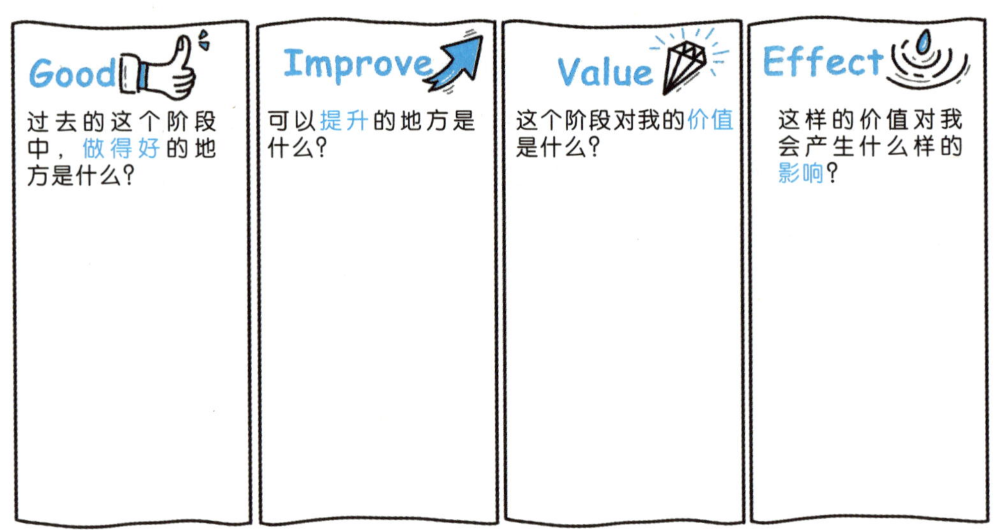

4.突破视野的限制，通过挑战实现突破。结果实现的下一步，本该建立下一阶段的目标了。但是，请注意，如果没有视野的扩展和突破，新的目标不可能有更大的挑战，甚至会因为目标的持续“低调”，让人产生倦怠感。优秀的人，是需要有挑战的目标持续刺激的。

新的有挑战的目标，有可能从正在做的事情中产生，因为有了更高的要求和更多的想法；新的有挑战的目标，有可能从陌生领域中产生，因为看到了新的兴趣点，从而产生了链接；新的有挑战的目标，有可能从榜样人物身上产生，因为看到了自己所期待的未来的样子。这些目标都有两个特点：期待的，有挑战的。

既然是期待的，就是对自己的突破：对已有模式的突破，对现状的突破，对未来确定结果的突破，对圈子、领域的突破。这些突破要求走出去，拓展视野，寻找新的目标。

有个做成长社群的朋友，经过多年的积累，已经能够自成体系地稳定运营了。有一次他问我，赵昂老师，我如果希望进一步提升自己，拔高格局，该怎么做呢？我说了三点建议：第一，深入你的社群成员，重视他们在成长行动中遇到的具体问题，由此打开你对于新问题的研究；第二，扩大你社群的概念，从某种技能提升扩大到一类问题的解决，你就需要开始新领域的学习了；第三，尝试给自己的社群运营提出更高的目标，突破原有的限制，比如招到更多的人，进而在过程中看到新的差距。这些都是对自己的挑战，也都是提升自己、拔高自己、扩展自己的方式。

不要做一个埋头苦干的“机器人”，觉察到自己进入了哪个阶段，有意识地主导自己的下一步行动；也不要做一个心浮气躁的“空心人”，沉入一个阶段，达成结果，再浮出水面。

持续循环，像训练特工一样，高标准要求自己，自然会摆脱简单勤奋、低效努力的怪圈。这时候，之前很多无感的认知，才会真的发挥作用。

你真的知道什么是刻意练习吗？

成为一个领域的高手，除了战略正确，还很注重战术的把握。在具体训练专业技能的时候，只有一个方法：刻意练习。可惜的是，关于刻意练习，很多人并不得法。

大家对刻意练习并不陌生，至少知道一万小时定律。其实，还有一个二十小时专家定律。但我觉得这些练习的小时数并不能说明什么问题，虽然我知道人们特别钟爱这样的数字带来的确定性，因为确定就意味着安全感。我从大量的咨询案例中甚至发现，很多人以这样看似确定的理由作为不愿思考的挡箭牌和逃避失败的借口。

有人对二十小时有担心，担心这二十小时过去之后，会出现一个验证自己失败的结果。也有人喜欢二十小时，因为快速可期待，结果甚至都不重要，反正骗自己的手段有很多。有人对一万小时有担心，担心自己难以坚持五年、十年。也有人喜欢一万小时，一个很长的时间，会让自己抱着幻想，开始踏踏实实地接纳自己的慢速前行，直至最后目标慢慢变形。

其实，把刻意练习的目标锁定在时间上，都是很不靠谱的。来说说原因：

1.每个人对结果的期待不同，投入也要有区别。随便玩玩、爱好者、票友、业余选手、专业选手，都是不一样的要求，级别越高，需要的训练时数就越多，不需要和别人比，自己和自己比也是一样的。

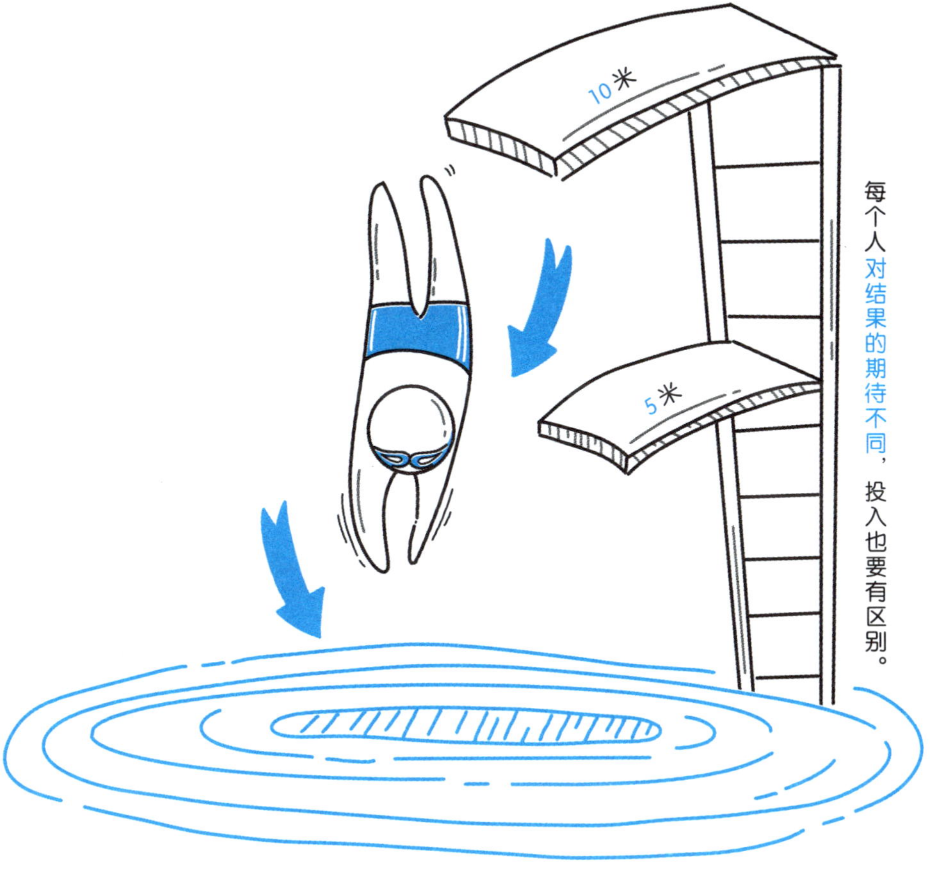

2. 各个领域的要求有所不同，需要训练的时间也有区别。做一个音乐家和做一个厨师，单从训练时间来看，就一定有区别。当一个作家和当一个运动员，也一定有不同的训练时间。职业无贵贱，但不同职业之间的社会价值衡量经常就是以训练时间来计算的。

3. 天赋起着不可忽视的作用，特别是突破常规水平之后。每个人都有天赋，在做不同事情的时候，又体现着资质的不同。我相信这么一件事，做到80分，努力就够了，但是要想做到90分以上，非要天赋不可。所以，这不是简单的积累训练时间就可以的事情，虽然训练时间是必需的，但简单强调训练时间，就变成了贻害大众的“成功学”了。

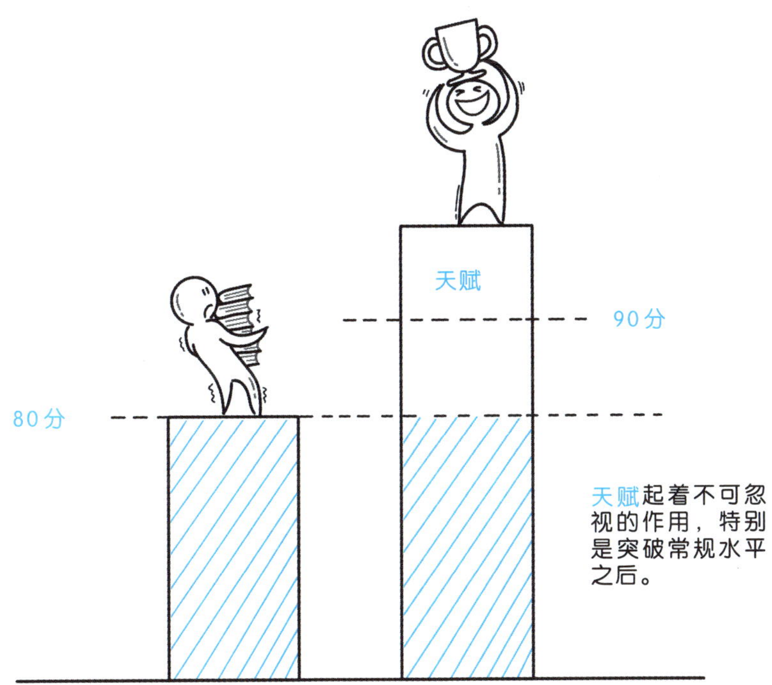

4.最重要的，训练成为一个高手，时间只是一个维度。只看时间，就是简单粗暴的做法，甚至会让人因此而忽略了更为关键的部分：训练的方法。

有人一谈到一万小时的训练，就停下来了，仿佛所有的问题都解决了：不再迷茫，有了方向，剩下来的就只是“刻意练习”了。刻意练习并不那么简单，这个过程本就是探索和学习的一部分，有方法，有秘诀。

刻意练习有两个秘籍：

秘籍一：练习的过程必须进行专业拆分。

专业拆分，包括目标的拆分，标准的拆分，进度的拆分。我们在开始学习的时候，需要一位“明师”，其最大的价值就是帮助我们做专业拆分。如果不能把一件事情拆分，就是还没有进入门道，这是刻意练习的基础。

比如说，去健身房健身，好的健身教练会在沟通中把握健身的诉求，然后明确为“增肌为主”“减脂为主”这样更为明确的目标。进而，制订出来一个阶段性计划，每次的训练都有重点，要么练习核心肌肉群，要么练背，要么练腿。甚至在某些阶段，会精细到小肌肉群，是肌肉前束，还是中束、后束，每一次都会根据目标达成相应的效果。持续训练，积累出来，目标自然会实现了。

进行刻意练习的时候，指导训练的老师水平，在技能训练的拆分上就能分出高下了：高明的拆分要符合客观规律，还要符合学习规律，不会割裂事情本来的联系，也不会让人产生认知偏差，或者说，虽然技能拆分开来练，但是每一步对于整体目标的达成都是有价值的，而且是高效的。比如，对于一个新手培训师的训练，刚开始的时候，如果让他练习站在台前，训练可以面对众人的勇气，这或许会让他更加紧张。但是，如果通过游戏的方式先放下对自己错误的关注，或许上台的时候，就会从容起来。

师父领进门，修行在个人。领进门，就是呈现专业拆分。具体的训练，谁也代替不了。

曾经，我学过古筝，说出来都是泪。认真训练两个月，最后无疾而终。有很多原因，但其中一个直接促使我厌学的原因，就是老师设置了我几乎无法完成的训练任务。每次去练琴，给我留了大量的背曲识谱作业，全然不顾我还是一个有工作的成年人。虽然我向老师提起过这样不太好，但是，那个老师依然不管不顾。上课的时候，把我丢在那里练习，快下课的时候过去看看，然后告诉我“弹得不好”。技能台阶太高，这就是因为技能拆分的精细度不够。

曾经，我还学过游泳，说出来都是成就感。一年之内，虽然断断续续，但是学会了四种泳姿，而且引以为傲的是，学习过程中没有喝过一口水。学蛙泳的时候，第一次上课半小时，就教我们趴在水上面漂，而且连续练习了两次课，两次课之后，就再也不怕水了。然后才是学手划水，脚蹬水，在学会手脚并用协调之后，原以为困难的换气，竟然顷刻间无师自通了。轻松学习的原因也很简单：每种泳姿都拆分得合理，而且每一次提高都有成就感刺激。

可见，专业的拆分对于刻意练习非常重要，而一个新手迅速获得专业拆分的最佳方式，就是寻找到一个真正专业的导师。我已经形成了这样一个习惯，当我进入一个新领域，思考一个新问题，训练一种新技能的时候，我会尽快找到自己资源范围内最有经验，水平最高的人求教。因为我自己就是专业人士，也就相信专业的价值。

我清楚地知道，一个人通过职业生涯咨询可以节省少则一两年，多则十年八年的探索。我能在第一次咨询的时候，就判断出需要通过几次咨询解决问题。我当然知道，一个咨询师需要经过怎样的训练才能变得专业。一般人停步在二三十次训练，有些人停步在七八十次训练，专业人士却是通过了一百次的训练之后的某一次，忽然产生了打通任督二脉的感觉。制订一个一百次训练计划，并明确告知每个阶段的效果，这就是专业训练。

我在健身的时候，一定要请专业的健身教练，几百块钱一节的私教课，不仅会让我有正确的训练方法，快速达到目标，而且能够最大限度地减少身体损耗和最快速地恢复状态。健身一个月之后，各项指标有明显改善，身体和精神状态也都非常好了。

节省效率，就是丰富了资源。

秘籍二：集中在短时间内进行大量训练。

这也是很多人并不以为意的事情：慢慢来就行了。这是一个错误的认识，“慢慢来”说的是心态不要急躁，不要急功近利，不要幻想有超越客观规律的“奇迹”发生，但并不是说行动也可以慢。这也是很多人“努力”了那么多年，还没什么成就的原因——你只是看上去很努力罢了。

积累的效果是需要慢慢才能看出来的，但是技能的训练则是越快越好。特别是对于入门者而言，如果不能在短时间内进行大量的训练，那就像是在小学的时候曾经做过的一道数学题一样：

蜗牛白天爬三尺，晚上滑下两尺，井高十尺，问什么时候可以爬出井口？

一分的集中训练抵得上三分的分散练习。我懂得这个道理，才会集中在一年内做了那么多咨询；我懂得这个道理，才会在学英语时，每天背五百个单词；我懂得这个道理，才会在准备健身的时候，在教练指导下，一周训练六次，每次一个半小时；我懂得这个道理，才会在陪孩子的时候扔掉手机，全神贯注；我懂得这个道理，才会在一天内精力最充沛的时候先完成最重要的事情。

你可以把这样的状态叫作专注。试想，如果没有集中的大量的练习，之前的训练成果如何保持？如果注意力足够分散的话，每件事都会只做一点就放弃，那么到头来可能一事无成。

吴晓波说，把时间浪费在美好的事情上。我说，集中和有效的投入才会让美好的事情发生。我们都熟悉的田忌赛马，说的也是这个道理。

回到那个数学题，在职场中，以蜗牛爬井式速度，何时能做出成就？答案是：遥遥无期。因为还没有等爬到井口，你就已经老了。

刻意练习、能力提升的过程就像是攀岩，每一次的前进都不容易，越往上越难。攀岩的路径选择很重要，有些路径看似捷径，可是走过去却发现需要面对一个不可逾越的障碍，所以需要过来人告诉你，什么样的路更有价值。而每一次落脚的岩块，就是成长的标志节点，这些点标志着阶段的成功，也开启着下一个节点。

刻意练习的方法是刻意的关键，刻意练习过程中的意识，也是刻意的关键。而行动，只是真正认知之后的表现罢了。

你能识别“职场贵人”吗?

前文我们说过，一个人能够获得成就，需要三方面的因素：天赋、准备和机遇。从另一个角度来说，我们需要的只是获得成功的资源：自我的资源和外界可以为我所用的资源。天赋就是自我的资源，经过准备，持续提升之后的能力就是自我的资源，而平台、机遇、团队、资金、趋势，又都是外界的资源。

不管是自我的资源，还是外界的资源，有一个因素都是必不可少的：人。提升能力时需要导师；创业时需要伙伴；发展时需要团队；遇到瓶颈时需要提携者；缺钱时需要投资者……这些人，我们称之为“职场贵人”。

长久以来，人们对于职场贵人都是抱着“可遇不可求”的态度。这样的态度会有两个后果：

1. 消极等待。认为自己的职业难以发展，都是因为没有贵人相助，认为得遇贵人是一个小概率事件，自己还是普普通通的好了，甚至有人认为自己不如别人机缘好，会自暴自弃。

2.另一个后果，就是对于职场贵人有不合理的期待。希望有一天有位奇异高人出现，他不仅掌握着极大的资源，而且对自己十分赏识，自己的命运也会因此改写，一鸣惊人。但因此，却丧失了大把的机遇，浪费了周围唾手可得的资源。

职场贵人真的是如此可遇不可求的“小概率事件”吗？并非如此。如果停留在信息不发达、机遇有限的时代里，只有少数人掌握资源，贵人还可能是确定的极少数。但在如今，一方面，成功的可能性增加，每个人都有大量可以选择的路径，资源也会呈分散式，掌握资源的贵人也多起来了；另一方面，资源不再限于权力，资金、信息、陪伴、智慧、机会、协助，都成了资源。这些因素，让我们每天都在和自己的贵人打交道，只是，关键点在于是否能够识别出来。

职场贵人的两个特征

那么，什么样的人是自己的职场贵人呢？职场贵人需要具备两个特征：认可你；起到雪中送炭的作用。

大家最容易想到的认可，就是赏识。比如一个初入职场的年轻人因为执行力强，被老板器重，委以重任，有了更大的发展空间，慢慢地，做出越来越多的成绩。我们很容易理解，这样的人是职场贵人。但是，认可不限于上级对下级的赏识。比如，老师对于学生的认可，一直给予鼓励，帮助学生树立了自信，这也是贵人。再比如，作为团队的管理者，得到团队成员的认可，不管遇到什么困难，都愿意一起坚持下去。这样的成员，对于管理者来说，也是贵人。

认可之所以成为职场贵人的必需要素，是因为有了认可，才会有支持的基础。如果并非基于认可而产生的支持关系，只是偶然的一次歪打正着，那就会陷入“可遇不可求”的不可知论。

有个IT男，平时喜欢做技术分享，在一次社群的交流中，表达了自己的一些独特观点，网友纷纷表示认同、崇拜。其中有一位做编辑的朋友，就提议他把自己的想法写成书出版。这是一个IT男从未有过的想法，经再三鼓励，他决定尝试。历经一年多，终于写成了一本技术手册，因为见解深刻，表达平实，深受读者喜爱，竟然卖成了畅销书。对于IT男来说，这个编辑就是一位职场贵人，她帮助IT男开辟了一种新的职业发展可能性，将来，这个IT男可以继续做自己的工程师，还可以成为技术的传播者，也可以转型成为技术类的畅销书作家。而这一切，都源于编辑对于IT男的认可。

只有做得好了，才会获得认可。获得认可需要实力，但是只有认可，并不一定会成为职场贵人。还需要另外一个因素：雪中送炭。认可，是看到了一个人的价值与资源。如果这样的价值与资源足够大的话，那每个人都会看到，再给予的支持，也只能成为锦上添花，而不能成为贵人。比如某个明星的粉丝，对明星肯定是认可的，但少一个粉丝，并不会影响明星的价值。

所谓雪中送炭，一般会发生在两种情境下：一种是价值尚未显现，就像是天使投资人发现真正有前途的创业者一样。他们初始创业，并没有获得商业意义上的成功，投资人的资金、信息、建议就会非常重要，甚至会决定创业是否成功，这样的支持就一定是雪中送炭。**另一种情形就是在认可的前提之下帮助发掘新价值，**比如一个人在某些方面的兴趣或者天赋被发掘、鼓励。

从这两个因素来看，有几类人很容易成为别人的“贵人”。

一类就是**教育者**。教育者不仅仅是教授知识，更重要的是点燃生命，唤醒内在力量，一个善于发现被教育者优势的教育者最有机会成为别人的贵人。特别是对于别人眼中的“差生”，教育者的鼓励与发现，是最珍贵的雪中送炭。

职场贵人，需要我们有意识地识别，进而有意识地给自己创造链接贵人的机会。

一类是投资人。投资人是用资源换回报，这里的资源除了资金，还有信息、人脉与分析建议。创业者需要这些，刚刚起步、尚未发展的创业者更需要这些。

还有一类可以泛泛而谈，就是给那些势单力孤，有价值但未显现者予以重要支持的支持者们。可能是提拔重用了下属的管理者，也可能是支持管理者的团队成员，可能是提供了一些机会的同行同事，也可能是牵线搭桥的朋友。

不管是哪一类，有一点是肯定的，当我们重新审视了“贵人”的价值以及与我们职业发展之间的关系时，我们知道了无处不在的“贵人”既不是闭着眼睛瞎等，也不要睁大眼睛乱撞，而是需要我们有意识地识别，进而有意识地给自己创造链接贵人的机会。从而，让生命中的贵人更有价值，我们也有机会成为别人的贵人。

思考 关于职场贵人的思考

1. 你所结交的人中，有哪些是非常认可你的？

2. 在认可你的人中，有哪些人可以给你带来“雪中送炭”的价值？你如何定义和看待这样的价值？

3. 你会如何与这些“贵人”保持链接？你会带给他们怎样的价值？

主动链接，“选择”你的职场贵人

之所以说“选择”职场贵人，是因为贵人到处都有，就像不缺机会一样，我们并不缺贵人。但是只有选择了适合我们的贵人，才真的有用，也只有选择，才真的是主动的、有意识的、可以习得的、可以规划的。

然而，在选择之前，有一个最为重要的前提：让自己有价值——这是选择的资本。很多时候，自己有价值和被贵人发现价值其实是一回事，或者直接地说，有一种贵人就“贵”在能尽早地发现自己的价值。

为了“选择”贵人，我们就要及时地、有选择地、尽早地展示出自己的价值，或者说验证自己的价值。而贵人就会在我们验证价值的时候出现，帮我们固化、扩展、提升这样的价值。经过这样的过程，我们的价值就会得到认可。

寻找可以进行价值验证的对象，就是寻找贵人。主动地展示，主动地链接，主动管理职场贵人的过程，就是在进行主动社交。我们经常被朋友叫去喝酒，或者被同事叫去参加聚会，抑或参加一些培训、会议，如果没有意识地被动参加，或者没有在参加一次社交活动中有意识地进行链接，那就抓不住链接贵人的机会。甚至都不知道为什么参加了一场又一场热闹，说是要见更多人，其实白白浪费了自己的时间。

寻找贵人，并不是根据自己发展的需要列了一个“贵人清单”，然后一个个找过去。主动展示自己的价值，是寻找贵人的重要方式。有三类人可以通过主动展示已有的价值，成为你的第一拨“贵人”。

1. 你服务的客户。这里面有一个基本理念，我们的工作，就是要为别人服务，从而带来自我价值的实现。服务别人，就是向对方提供出自己的价值。一个人价值的最直接体现，就是从对等交换价值上看出来的。你的老板是你的客户，你的同事是你的客户，你的商业客户还是你的客户。你的客户是什么样的人？领域、水平、财富状况、社会交往……他们怎么看待你所提供的价值？他们会为你的价值提供什么回馈？从中，你的价值一目了然。

我经常和新入门的咨询师讲，不要在一开始从业的时候就想着去建立“个人品牌”。与其到处去做宣传，去讲课，写文章，不如先把本职工作做好。对于一个咨询师来说，最重要的品牌就是“咨询”。咨询做得好了，你的来询者才会认可你，帮你做传播。

这样的情况几乎适用于任何一个领域，很多人总在幻想着有一天得到一个“贵人”相助，让自己能力得以发挥，但从来不在工作中认真表现。连自己的客户都不认可你，即便是出现过贵人，也不会发现你的。

有一个在实习期间就获得好多工作机会的毕业生，我问了给她offer的一个HR，你觉得她好在哪里？“靠谱”，这个HR就给了这样一个简单的评价。HR说，凡是她经手的工作，都一定是超出预期地完成，每一件事都如此，甚至还会有惊喜。没有敷衍，没有推脱，没有借口，把每件事做好，她自然就赢得了好多“贵人”。

2. 为你提供消费服务的供应者。在商业社会中，我们每个人不仅是服务提供者，还是他人服务的消费者。你购买的所有东西，不仅仅是价格，也不仅仅是品质，还不仅仅说明了你的品位和消费水平，更重要的一点，代表了你的价值。

孩子出生，我请了月嫂，岳母总会觉得请人太贵：一天都要五百多，做的那些事情，都那么轻松，她哪点值五百多啊？我给她分析：不要用月嫂做的事情来衡量她的价值，在三四线城市，一个月嫂工资真没这么贵，但在北京，就需要换一种衡量标准，不仅要考虑到一线城市的消费水平，重要的是，还要用雇主的价值来衡量。换一个角度，用我的时间来衡量月嫂的价值，我一次咨询的收费要三千，月嫂替我工作，帮我节省了时间，一天当然值五百多。岳母立刻释然。

有个朋友说在结婚前买衣服，都是淘宝上淘些便宜货，结婚后在先生的影响下，风格大变，件件都是经典，贵是贵了，但衣柜瘦身，件件穿得出去，自己也更加珍惜。

无意识的情况下，我们所消费的服务、商品，都是和我们的品位、水平、观念相关的，更重要的是，和我们对自我的价值评估相关。当我们出现的念头是太贵了，而不是不适合的时候，我们自己的价值标签立刻就出现了。

只有懂得职场中的一条最基本法则，才能出来混，也才能混得好。这条重要法则是：nothing is free。懂得这条法则，你就要知道，在提出要求之前，你有什么可以交换的价值。是金钱，是信息，是推广，是营销，是机会，是诚意，是敬仰，是信任，是友情，还只是，可怜？更重要的，你所能提供的这些“价值”真的对对方有价值吗？比如，我就不会接受“可怜”，所以，我会支持公益事业，但不会给乞丐施舍。接到“邀请免费体验”的电话，我也都会拒绝。不贪小便宜，不是因为高尚，是因为知道这只是个小钩子，背后一定有大陷阱。

知道没有什么是免费的，所以才会认真回到自己身上：我有什么价值？我还能创造什么价值？我可以发展什么样的能力来创造这样的价值？而不会指向对方：因为你是专业助人者，所以就要来帮我，就像是，因为你有钱，所以你要给我钱一样，这是一种道德绑架的强盗逻辑。当然，我认为成功的道德绑架也是一种交换，拿对方脆弱的羞耻心做交换。

在选择为你提供服务的供应者时，他们也在选择你们，通过你能支付的价格来选，通过你能提供的价值来选。而这样的选择又反过来影响着你自己的品位，影响着你做事的效率，不仅仅是一般生活消费品，也包括为你提供支持的团队成员。一个“神队友”，不也是你的职场贵人吗？

3. 你的朋友。物以类聚，人以群分。你的价值可以从你的朋友圈里评估出来。因为你的朋友既是你的客户，又是为你提供价值的供应者，只有对等的关系才更持久。你的朋友最清楚你的价值，甚至是你的潜能，还有职场上不易衡量的人品和才干。

与表面上可以立刻兑换财富的能力和人脉相比，人品和才干更有价值，也更加不容易被更多人发现，就像是潜藏的金矿。你的朋友会比你更早意识到这一点，所以他们才会经年累月地和你见面聚会、喝酒吃饭、电话聊天，却从不谈生意。因为一开始谈生意，价值就开始降级了。

朋友之间并不一定要交换什么，朋友的最大价值，在于互相背书——他是我朋友，我为他“代言”。只有在同一个交流频道的人才会成为朋友，而判断一个人的价值，看看他有什么样的朋友就够了。所以，朋友也不必攀缘，因为攀也攀不上。

通过主动链接，选择贵人

一般人的圈子都限于生活和工作，如果希望有所突破，链接到更多的资源或者可能性，就需要拓展圈子，链接到不同的人脉。主动社交，也包括在主动链接中选择贵人。

拓展出来的圈子，往往是陌生人，与陌生人交往需要更大成本。所以，选择什么样的人，如何做链接，需要全面考量。

一个并不熟悉的人，如果具备以下两点，就可以考虑作为“候选贵人”:

1. 对方的视野、格局、能力有你所感兴趣的地方。注意，你感兴趣的，不应该是他的资源。如果只是感兴趣对方的资源，那就简单地变为了交换，你就需要拿出可以对等交换的价值。而对方的视野、格局、能力既然是你所感兴趣的，那就会成为初始破冰关系的链接点，在这些背后，一定蕴藏着可能的资源与机会。

这并不是教你"不功利"，而是在寻找贵人超出明显资源之外的"更贵的价值"。如果是最直接地看重了对方的资源，而不是看到未来的可能性，那其实是在贬低贵人的价值。要有这样的信念：只要有共同的兴趣点、价值点，早晚都会走到一起。贵人是用来储备的。

2. 你可以为对方带来价值。你对对方感兴趣的时候，别人未必对你感兴趣。唤起别人兴趣的最好方式就是，我可以为你提供价值。这其实是在给对方一个与你交往，至少是见面的理由。未曾谋面之时，人们对于确定的衡量往往来自价值，越是看重时间成本的人，越是会关注链接对方的价值。还是要注意，这个价值可以是任何资源，但不能是钱。因为金钱太过明显和直接，对方很容易以此来衡量自己的时间有效性，会把链接当作交换。

我自己就被这样链接过：有人希望请我讲课，上来先发一个红包，然后说，事成之后，按照咨询的价格发另外一半。我拒绝了，都没有问对方情况。因为讲课与咨询都是我的工作，课酬与咨询费不一样，而且我自己对这两项业务都有要求，还涉及时间排期，我拒绝的是一次工作而已。另外一个人邀请我时，就用了不一样的方法，先是约我微信，告诉我他们在做的事情，社群成员都是什么人，大家对我曾经讲过的一些话题如何感兴趣。然后说，现在有一个分享的机会，希望我能参加，同时，还有一些嘉宾会一同分享。我对她说到的听众、共同嘉宾都很感兴趣，于是就答应了，连出场费都没问。

所以，在选择贵人的时候，不要只是看到了对方的价值，还要找到自己的价值。做好准备之后，就可以开始链接了，链接的方式有以下三种最好用：

1.通过花钱的方式建立链接。刚才不是说，最好不要用金钱的方式作为链接价值吗？但是，如果对方开放了公开的业务，明码标价，那就会是成本最低的链接方式了。

比如，我自己会定期通过“在行”约人，有些人和我没有什么人脉交集，但是开通了一些付费社交方式，这就减少了中间链接的环节，最简单不过。还有，有人开课，特别是线下课，这也是一种方便的链接方式。各个付费知识界的大V们建立的社群，比如秋叶的IP营，李笑来的各种投资群、成长群，都是可以好好利用的。

2.通过“人脉链接者”建立链接。你所认识的人中，一定有“人脉链接者”，比如猎头，他们认识很多行业内的人，也有很多相关的信息。再比如有很多朋友的人，媒体人、销售、市场，因为工作性质，他们在各个领域都有朋友，总能找到你希望认识的人。这些人就像是人脉链接器，帮你做搭接。

3. 神交。如果你希望链接一个人，在互联网如此发达的时代，有太多的方式可以直接链接，比如微信公众号留言，微博私信，发邮件。当然，对方不一定会有回复，这时候对于你的价值要求会更高。以持续的、谦虚的、尊重的方式，往往能直接链接到大神本尊。剽悍一只猫就和我说过最初联系采访雾满拦江的时候，雾满拦江一般还都是神龙见首不见尾，于是，他就持续微信后台留言，真诚表达意愿，最后算是约上了。

总之，方式有很多种，是否建立了链接，重要的还是三个问题：你为什么联系对方？你对于对方有什么价值？是否足够真诚地坚持了？

选择贵人的时候，有三件事不要做：

1. 不要讨好对方。不讨好，并不是要维护自己虚伪的“尊严”，而是说，讨好的方式很容易建立一种尊与卑、施与受的关系，不利于未来关系的发展，更不利于与贵人产生链接。

2. 不要道德洁癖。结交贵人的时候，我们自己往往会对贵人有要求，甚至会把对自己的完美期待放在对方身上，期待对方处处都好，没有道德瑕疵。这样的期待，会让我们丧失更多的机会。生命中出现的每个人对我们都有自己的独特意义，当我们看到他人的闪光点时，发现贵人的机会才会多起来。

3. 不要天长地久。不管是结交朋友，还是遇到贵人，有些人会有这样的期待：一经建立关系，就天长地久了。这也是一种妄念，我们的生涯就像乘坐在一辆列车上，到了车站，有人上车，有人下车。上车欢迎，下车告别，顺其自然。因为这样的阶段性，我们反倒要更珍惜交往的时间，得贵人相助的同时，也为对方提供价值，互相成为贵人。

分类：复杂人际关系的管理之道

除了特定意义上的贵人，我们每天还和各色人等进行着交往。如果泛化了贵人，周围每个人都有可能成为我们的贵人。一个好汉三个帮，作为社会中人，人脉是我们获得信息的途径，是满足我们一些需求和利益的来源，我们对于人脉有迫切的需求。朋友圈、微信、手机、书信、文章、咖啡厅、茶馆、课堂、办公室、卧室，都是社交工具和场所，维护着我们和这个世界的链接。

根据社交需要，我们先对人际关系进行分类。分类的最大价值在于从新的视角建立一个框架，从而对资源、信息、知识进行重新的解构与组合。这个过程中，因为视角发生变化，我们可以重新认识这个世界，进而衡量我们可以投入的资源和关注度，评价我们需要采取的策略。

以自己为中心，所有的人脉可以分为三类。

第一类：合作者。这里面有一个基本理念，我们的工作和职业，就是要为别人服务，从而带来自我价值的实现。工作中的相关人都是和我们一起完

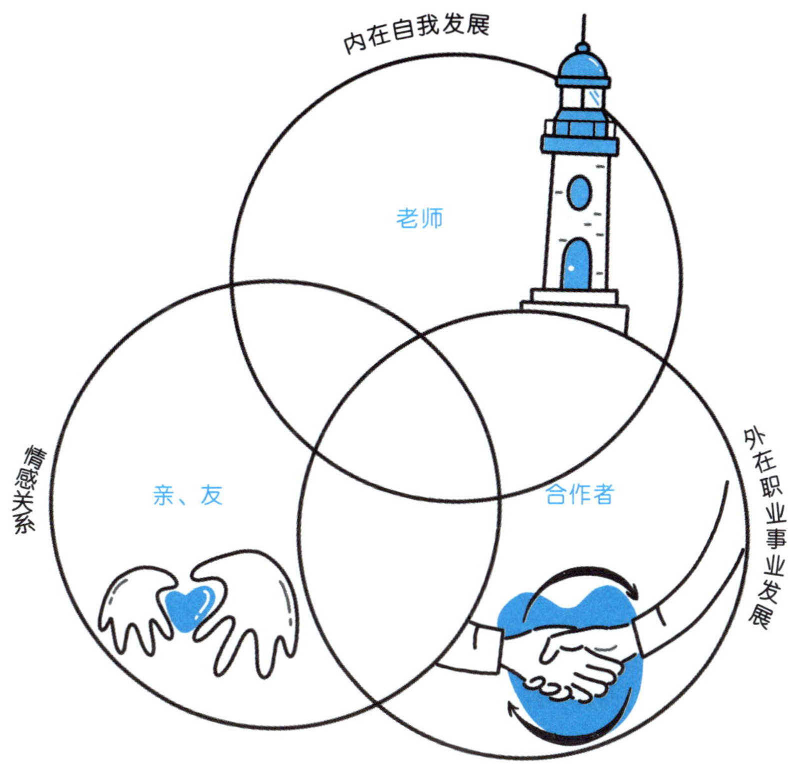

成服务他人、实现自我价值的合作者。对于合作者，要注重契约，不要相信情感。不要考验人性，不要把人性的弱点激发出来，要把丑话说到前面。

我把合作者又分为三类：

客户，就是因商业关系而直接服务的人，比如我的学员、来询者，他们也是工作中最直接的合作者；工作同事，不管是上级还是下级，如果有工作合作和交接，有阶段性的共同目标，那么这些同事就是合作者；潜在合作者，有些人曾经是直接客户或工作同事，或许也是经人介绍，职场认识，没有直接的联系，或太多合作机会，但因其背景、能力、资源等原因，或许在未来可以给自己创造出价值实现的机会。

第二类：老师。就是能够帮助自己成长的人。

这里的成长有可能是职场技能，有可能是兴趣爱好，还有可能是意识心性。老师，可能是给予直接指导，也可能是问计于君，他们是我们的人生明灯，是人生拐棍，是人生罗盘。

第三类：亲、友。就是能给我们带来情感慰藉的人。不要太计较物质利益。太计较了，亲友就会远离你。

我们讲人脉的时候，经常会以为就是带来物质利益价值的人，其实不然，一个人会有三方面的诉求：外在职业事业发展；内在自我发展；情感关系。这也是我将人际网络分为三类的原因。

人脉关系的梳理分类有一个难点：对于模糊区域的定位。有些人很难分类：一个人是很好的朋友，关系一直紧密，而且常有金钱关系的往来，互相借钱，这算是亲友，还是客户呢？他负责销售的产品正是你们公司需要采购的商品，你又有决定权，他来投标，你会不会额外照顾？一个业务伙伴有过多年的业务往来，最近看好一个项目，希望一起创业，要不要一起做？只是投资，还是参与管理？

这些问题处理起来，有点棘手，原因就在于人们一定会把物质利益与情感混在一起，模糊了本来的身份定位，拿捏不好要使用的策略，而人生玩家善于此道。人脉的丰富性，是一个人生涯成熟度的体现。能够处理好丰富性所带来的复杂性，本身就是一种需要持久修炼的能力。

梳理完人脉之后，就是维护人脉，如何维护呢？有人请吃饭，有人送礼物，有人打电话。我认为，这些都只是形式而已，不必拘泥于此，形式并不是最重要的，反倒是硬搬别人的模式，会让我们忽略本质。

我们回到人际关系的分类来：

对于合作者，要尽量创造出足够的价值，甚至都不用刻意维护，而是需要持续创造出一起合作的机会；

对于老师，要分清老师所在的具体领域，主动请教，并感恩回馈；

对于亲友，要主动联络，加深感情。

维护人际关系有很多种方式，有人游刃有余，轻轻松松，有人显得笨拙，总是陷入尴尬。诚然，方式的处理需要很高的情商，而比方式更重要的是我们的目标，目标来源于我们阶段性的需求，而需求的满足是为了逐渐成就我们对于自己的期待——我想成为什么样的人。

这就提醒我们，对于人脉关系，不仅仅是梳理、分类、维护、管理，还要对于自己人际网络的建构性调整，不妨从以下四个方面问自己几个问题：

审视：如果我是一个旁观者，我喜欢这样一个人际网络中心的人吗？为什么？

期待：我对自己的期待是什么样的？如果要达成这样的理想，需要建立什么样的人际网络？为什么？

扩展：我需要做些什么，才能建立一个更加满意的人际网络？真的可以奏效吗？

创造：我希望发展的新人脉属于哪一类的人？我该如何创造偶遇和结识的机缘？

反过来看，关于人际关系的事情，就明确了：我想成为一个什么样的人，所以这个阶段我就需要通过人际关系获得什么样的价值，满足我什么样的需要，目标就非常清晰，那么多的工具，总有我可以用得上的。

外界很热闹，但那毕竟是别人的热闹。一个没有自己主张的人，注定要成为工具，活在别人的主张里。每个人都有主张，每个人就会都有自己的热闹，这个世界，才热闹。

应对变革：抓住职业生涯中的每一次机会

我们这个时代最不缺的就是机会，创业、投资、求职……只要你有持续冒出来的想法，就一定会有可以帮你实现这些想法的机会，只要你有实现机会的能力，机会就会跟着你跑。

此时，最重要的不是寻找机会，而是问自己：什么才是属于自己的机会？如何才能鉴别出那些貌似机会的诱惑呢？

识别机会

一个机会具备的四个特征：

1. 符合自己的方向。这要求一个人首先认识你自己：我的愿景和梦想是什么？我在追求什么？这些搞明白了，才有可能鉴别一个对自己有价值的机会。

2. 符合发展趋势。一个机会是有生命周期的，如果只是一时的痛快，那也算不上机会，只能算是急功近利。顺应发展趋势，会让一个机会真正地舒

最重要的不是寻找机会，而是问自己：什么才是属于自己的机会？如何才能鉴别出那些貌似机会的诱惑呢？

展开，成就一个人。

3.创造更多的社会价值。机会是对于个人而言的，然而，只满足个人的机会不可能实现。你看看有些自言自语的歌手和诗人或者自怨自艾的科技研究者就知道，不管是向内关照自己，还是跟上时代发展趋势，都不要忘记这个机会可以为当下的社会创造什么样的价值，你满足了别人，才能发展了自己。

4.一个好的机会是投资自己。有些机会是不那么容易识别的，他们面目模糊，扑朔迷离，人们不太容易从其中获得确定的价值信息。这时候，还有一个简易的判断标准：是否能让自己增值。这是一个很重要，但是又很容易忽略的标准。人们逐利的同时，往往忘记了：自己才是最值得投资的。

一个绝好的机会，就是同时具备以上这些特征的。如果具体来看，有三种明显的场景需要重点把握。

把握机会

1.初入职场时，提升基本职业素养和专业职业能力，就是最好的投资

大学毕业的时候求职，比拼的是学校背景，专业类别，学习成绩，社会实践内容。如果不小心在高考的时候失利，又碰巧进入了一个自己不喜欢的专业。大学的时候虽然努力学习，但考试成绩却并不怎么样。学校信息闭塞，没有参与社会实践的意识，那在毕业求职的时候就开始发愁、迷茫了。

困惑是类似的，面对困惑的态度和做法却有不同。进入职场，有人开始折腾，稍微有一点不满意，就换工作，换来换去，几年过去，发现没有什么收获，于是开始更加迷茫了。还有人毕业时找到了一份勉强说得过去的工作，做了几年简单重复无聊的事情，有一天公司倒了，或者自己准备跳槽了，才发现，原来自己并没有什么竞争力。大家或许都很羡慕这样的人：进入职场之后的每一次跳槽都实现了自己的升级，要么是升职加薪，要么是进入了更大的平台，发展得越来越好，多年之后已经判若两人。

区别在哪里？区别就在于是否能把握这最重要的第一个阶段。

进入职场的前三年是最重要的职业能力提升和素养形成的时期，这时候最需要的是：尽快、专注地投入某一职业，发展自己。虽然进行职业方向探索非常重要，但是坦率地讲，这本该是上学期间生涯教育该做的事情。一旦进入职场，就已经错过了最佳的职业探索期，如果通过转换全职工作来进行职业探索，将会是一件成本很高的事情。

同样，前面这几年绝不该糊里糊涂地混过去。有些人进入职场之后，只是被动地接受任务，几年下来，职业价值反倒随着年龄增长而下降。有人说，作为新人不就是该做一些打杂的事情吗？哪有什么重要的事情给你做？作为新人做基础工作虽然是必经阶段，但每个人经历的方式不同。有人一直做基础工作，然后等着被淘汰，有人却可以不断寻求挑战，主动争取机会，获得成长。

在这个阶段，挑战就是最好的机会，是对自己能力提升的机会。如果能够用一种积极拥抱的态度看待挑战，并且主动学习，及时总结，做好展示，那么就在给自己创造新的可能性。这样的可能不仅仅指的是升职，还有在自己的职业价值提升和验证之后，出现的其他可能性。于是，在持续积累职业能力的同时，也在做着职业方向的探索。

有人说，如果做着自己不喜欢的工作怎么办？很简单，如果有自己确定喜欢的职业，那就尽快离开，如果没有（多数人是迷茫），赶紧积累自己将来可以转换的资本。资金是转换资本，拥有的职业能力也是转换资本，而一个人在前几年积累的职业能力是很容易迁移的基本能力。所以，把握好了职业发展前几年的机会，就给自己开辟了新的可能性。

2. 职业发展出现瓶颈前，为下一次升级做准备的机会

做研发的技术专业人士是不是会遇到这样的尴尬：三十五岁之后，随着年龄增加，学习能力减弱，身体不再能熬夜，家庭需要平衡，也不再能每天加班，收入不再增长，负担的压力增大。与此同时，新人辈出，向上发展受阻。不知道将来该如何发展了。

不仅仅是研发技术人员如此，多数职业都会遇到类似的职业瓶颈。于是，四十岁之前只是担忧，四十岁之后就只能无奈了。四十岁，确实是一个重要的职业分水岭。如果一个人在四十岁左右的时候不能给自己寻找到一个新的职业增长点，那势必会进入一个逐渐下降的职业轨迹。虽然下降的速度会根据所在行业和所处地域有所不同，但是很多人都会感受到自己的职业被扼住了喉咙，再无生机。

这样的情况实属必然。靠自己的体力、智力、经验拼职场，最多拼二十年，因为这样的优势在五至十年内就可以积累出来。然后，新人就具备了和你一样的优势，并且比你还年轻。如果希望在这样一场“长江后浪推前浪”的竞争中胜出，那就必须要有必杀技：在原有优势上先人一步地附加上其他的价值，比如人脉，比如信息资源，比如复合能力。一个做研发的技术人员，如果能在职业发展五年之后就开始积累做项目的经验，进而开始做管理，那么十五年后的职业路径一定要宽得多。同样，一个做销售的，如果能

从自己的兴趣或者优势出发，开始关注表达呈现、人际关系、沟通等方面的总结梳理或者管理能力的提升，那么职场十年之后，就不用再受制于单一产品或者行业发展的限制了。

所以，既然职业瓶颈的出现实属必然，那么为这样的瓶颈解套提前做准备就实属必然了。这样的准备与之前初入职场有所不同的是，不再是单一路径上的持续精进，而是发展出来的复合优势，这是实现职业升级的唯一路径。即便希望成为某领域顶级专家，或者专注的工匠，也需要在复合优势上进行创新。这样的机会出现在职业发展十年左右，窗口期比较长，但是，越往后，机会越少。反之，越早升级，职业的高度就会越高，职业发展的延续时间也就会越长。

3. 把握变革中的机会，是弄潮儿必备技能

变革，已经成为这个时代的背景色，没有谁能完全拒绝变革。只是在不同企业和行业，变革的频率、程度、时机有所不同。

初创型公司肯定总在发生变革，有些大学毕业生就有疑问：到底要不要进入这些小的创业公司？这些公司的工作，会不会让一个人做几个人的工作，没有清晰的职责划分，谈不上深入的专业积累，战略方向总在变化？会的，这本就是初创型公司的特点。但同时，这些公司也蕴藏着无限机会，不知道是谁会赶上爆发式发展，成为下一个独角兽。以前的阿里腾讯，不久前的滴滴，现在的摩拜，不是一个比一个发展得快吗？

发展型的公司一样要面对变革，但是应对变革的策略却完全不同。发展型的公司已经突破了最初的创业期，积累了一定的资本，也可以通过体面的薪资待遇招聘到合适的研发人员。对于这类公司来说，他们需要的是高效的管理者，因为管理者可以更好地调整战略，调配企业资源，应对外界变化。战略是否正确，直接决定了企业的存亡。

同样，在大型规模化的组织中生存，比如一些能源企业、建筑企业、金融组织，以及大型民企，比如BAT。这些庞大的组织相对稳定，像是航空母舰，有充足的资源抗衡一般的市场变动，同时，大势所趋，他们本身就是变革的发动者。

由此，我们可以根据自己对于变革的态度和能力选择不同类型的企业，也可以根据所处企业的类型来选择自己发展的方式。

选择了初创型企业，就一定要了解这类企业的特点，承担可能的风险和不足。同时，要知道在这样的企业中，最有价值的工作职位一定是研发人员，除非你是创始股东。因为研发人员不仅是制造产品的人，也是创造变革的人。既然一个初创企业不变革就会死掉，那么在这样的企业中，就只有创造变革的人才有机会活得好。退一步讲，即便有一天企业关门了，也并不影响个人的职业发展，研发人员第二天就可以去竞争机构那里报到。

选择了发展型公司的员工，要让自己成长的速度跟上企业发展的速度，就要迅速提升能力，从最初给企业带来价值的创造变革，过渡到团队管理的应对变革。这对个人来说，自然也是一种挑战。

在大型规模化组织中，需要顺应变革。身处这些企业，所有的职位要求和待遇都非常透明，越高的职位承担越大的责任和任务。此时，专业的职能部门就显得很重要，比如财务、人力资源，这些部门可以帮助企业节约成本，提升效率。在这些组织中，能够顺应变革的职能岗位管理者是最有发展的人。

通过对公司类型的分析，你就可以根据自己的特点选择一个最适合自己的切入点，并规划好接下来的发展路径。

由此可见，我们并不缺机会，缺的是对于机会的认识，以及提前的准备。这才是规划的应有之义。

04

筑梦：追寻自我实现之路

这是全民进入自由工作状态的时代，不管是自由职业者，还是组织中的人。虽然，每个人的自由度和所能提供的价值成正相关，虽然，分工合作和组织形态必然存在，但是，人们将会变得越来越自由，这是一个必然。

自由工作的红利：未来是人与人的联盟

自由工作，是这个时代的红利

这里的自由工作，指的就只是“自由工作”状态，不是指“自由职业者”。这意味着，不管你做什么工作，处于什么组织，都可以拥有“自由工作”状态，而不仅仅限于没有组织身份的“自由职业者”。

自由意味着什么？自由意味着可以自主地安排和支配时间，自由地加班，自由地安排学习，自由度假旅游，错峰享受美好时光，自己承担所有享受生活的花销和成本，只用砍价，不用开发票。自由还意味着可以不要照顾领导感受，而坚持表达自己的观点。自由的人，不再需要坐在格子间里，担心别人关注你的眼光，不用熬到下班或者等着领导走了才敢收拾东西回家，而是因为一个想法、一个创意就可以立刻投入工作。自由的人不再需要尔虞我诈、阳奉阴违的办公室政治，而是建立更加平等、真诚、简单的人际关系。自由的人不会再被年终奖绑架，不会被别人设定的目标所限制，而开始追求自我价值的实现，获得真实的成就感。

这一切，不仅仅是“自由职业者”可以有，一个身处组织中的工作者也可以有。你不觉得现在互联网创业企业中，90后员工的工作状态，越来越趋近于此吗？甚至，比这个还要自由。自由工作，是这个时代的红利。

我看到这样一个统计，在2015年，整个欧美的劳动力市场中，有16%的人是自由职业者。比十年前增加了一半。自由职业者越来越受欢迎，已经成为很多人最期待的职业之一。所谓的自由职业者，其实是在利用自己可以自由支配的资源，在社会范围内，或者一些平台上，和有需要的人，进行着自由的交换。说得再明白点，自由职业者就是一家小公司，卖着自己的东西，自负盈亏。

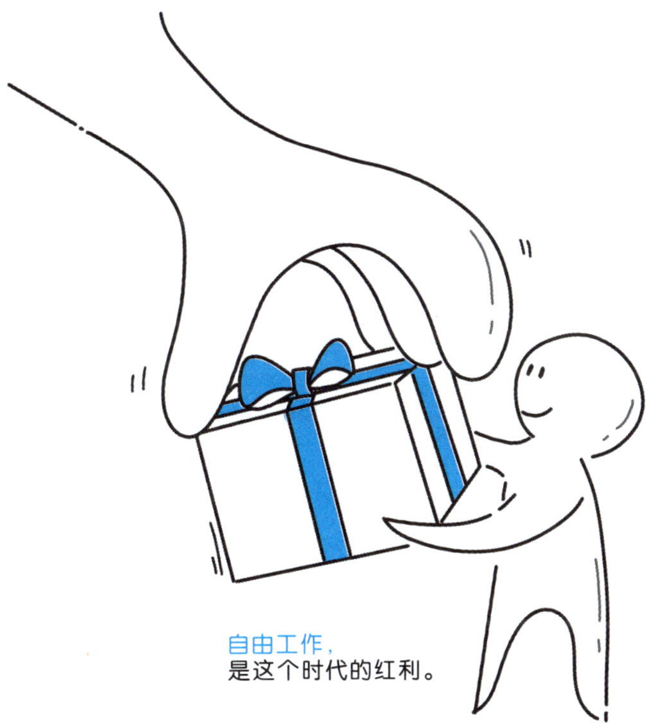

但我预言，自由职业者会像其他职业一样，在社会中保持一个比较稳定的比例。因为一个人创造的社会价值有限，而团队工作可以发挥出更大的优势，创造更大的价值。在未来，随着更多新技术的出现，人们之间会以各种方式进行着链接，有条不紊地进行着分工协作，合作的方式更加灵活。到那时，“自由职业者”一词可能消失，因为每个人都很自由。

自由，本就是人们期待的状态。只是在以前，人们忌惮着换取自由所需要付出的巨大代价，于是，转回来以自由为代价换取安逸和成就。

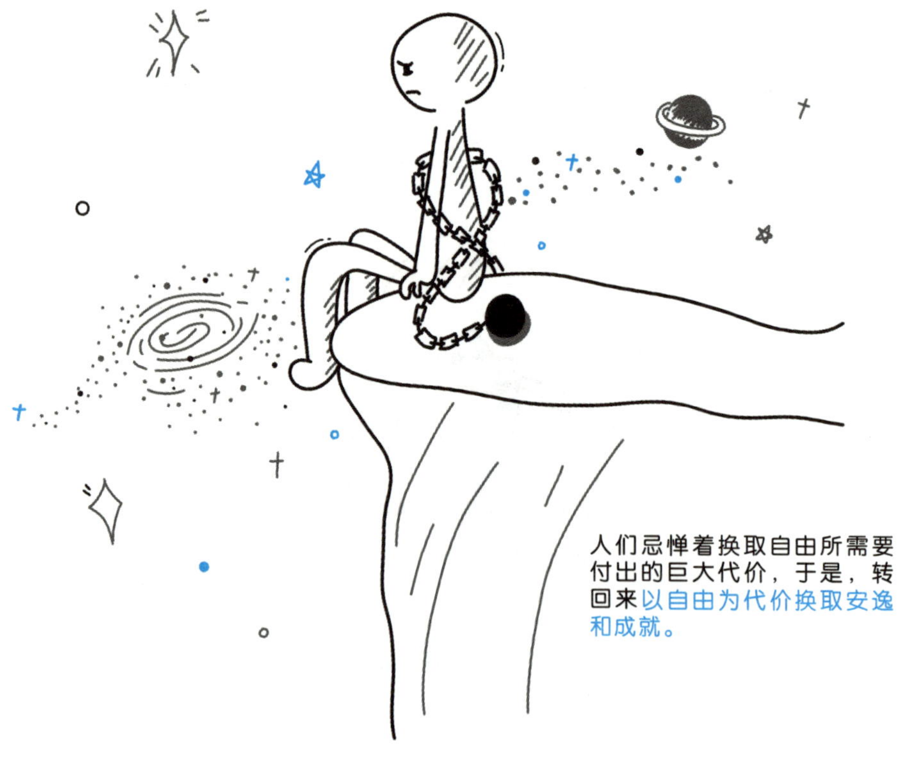

在以前，公务员是好职业，事业单位、国企是好去处，有保障的外企也是求之不得的地方。只有那些特别不愿接受束缚，或者不能被组织接纳的人才出来做自由职业者，当然，这些人的能力也特别强。不管是小商小贩、手工业者，还是作家、培训师、咨询师、艺人，都要有能力一个人实现从生产价值到兑换价值的全过程。

但是现在不同了，社会在发展，各种保障也越来越健全，人们的安全感越来越强，企业成为个人价值实现的平台。于是，悄无声息地，自由，就成了人们在职业中直接关注的诉求。

自由工作的红利

自由，是一种自由的工作状态，是不再区分工作和生活的状态。工作，本就是生活的一部分，生活，其实也是工作的一部分。想想看，自由状态正是人类发展的一种必然。当人们不再区分职业标签的时候，就会更加关注合作，就会更加关注人的内心需要，就会更加关注自身的发展。这些，才是自由工作的红利。

大家开始真正认识到，公司不属于谁，它只是一个组织而已。最初，组织承载了创始人的梦想，再往后，每个雇员也都希望在这个平台上发挥能力，兑换价值。在组织平台上，每个人都有自己的筹码，或大或小，有人以资本为筹码，有人以能力为筹码。有了大小各异的筹码，人们就开始了各种博弈和谈判。

传统组织中，不管什么企业类型，组织架构都是金字塔型的，每个组织都是一个王国，没有人想过要离开这个王国。长期在一个组织里，也已经习惯了组织对自己的控制。老板颐指气使，习惯于控制，员工谨小慎微，习惯于服从。大家都认为，离开一个组织，生存就会面临威胁。于是，执行力、人际关系沟通和揣测上意是重要的职业技能。

后来，逐渐演化，组织变得越来越平，看上去是为了便于管理，便于决策，便于创新，实际上还可以从另一个角度来解读：个人在组织中的作用越来越大，活力被激发，需要有新的组织形态来提供给个人价值实现的支持。于是，顺应趋势的组织就开始变革。扁平化、联盟，都是这一趋势的具体体现。

未来，还会继续变革。方向是，人人都是“自由人”。

不可能吧？组织何在？企业不可能消亡！是的，我认同，团队可以实现单个人完成不了的事情。但是，团队的核心是有组织地分工合作。对人身自由的限制，曾经在特定条件下，创造了更为高效的合作。如今，这样的自由限制行不通了。随着个人能力在价值交换中的作用增大，并不见得股东最牛，创业团队中，资本也不见得是最重要因素。何况，对于个人来说，没必要把自己绑定在企业发展上。一言不合，拔腿就走。

于是，传统组织中的强者——资本拥有者，开始重新审视与个人的合作方式：给钱，给空间，给权力，给自由！为的是能让个人把价值发挥出来，实现分工合作之后的更大价值——这才是资本拥有者的诉求。

天气变暖，冻土就开始复苏。当一家家企业开始变革组织结构，改善组织与个人关系的时候，股东、管理者、员工之间的联盟开始形成。请注意，不是企业与个人的联盟，把一个没有生命的组织和个人对立或者并列起来，都是落后的。口口声声标榜“组织与个人的联盟”本身就是一个谎言，组织就是平台，背后的人才重要，本质上，是“人与人的联盟”，是股东与员工的联盟，是同事之间的联盟，是上下级之间的联盟。假托组织的谎言，是为了便于随时推卸责任，而在必要时攫取利益。只有看到了组织这一平台之上，每个人的利益和价值，才算找到了真正的趋势。

这是全民进入自由工作状态的时代，不管是自由职业者，还是组织中的人。虽然，每个人的自由度和所能提供的价值成正相关，虽然，分工合作和组织形态必然存在，但是，人们将会变得越来越自由，这也是一个必然。

意识到这种必然，对我们有什么意义？

高度职业化，先人一步进入自由工作状态

所有符合趋势的成功变革都会是这样：尝鲜者获得前期红利，跟随者面临中期竞争，顽固者等待被淘汰。自由工作状态的趋势也是这样：意识到这一趋势的人会努力提升自己独特的竞争力，让自己变得更有价值，而且是可以脱离组织存在的价值，进而早早地进入自由工作状态。

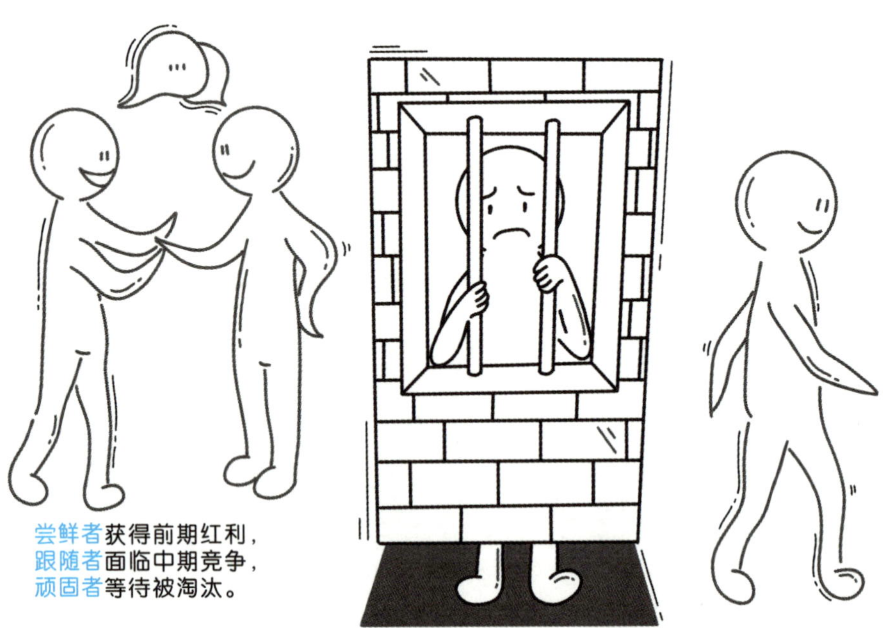

尝鲜者获得前期红利，
跟随者面临中期竞争，
顽固者等待被淘汰。

所有希望转型到自由工作状态的人，都会明白这样的道理：自己对别人越有价值，就越自由。因为选项增多，可以比较自由地进行选择。于是，转型到自由工作状态的方法也很显然了：增加独特性，更有持续性——持续地发挥独特价值。自由职业者在这些方面的表现非常典型。

有人有这样偏颇的观点：追求自由的人一定不好合作，一定不职业化。

错了，不要一想到自由，就是披头散发，衣冠不整，睡眼惺忪，骄傲散漫，随意随性，想干吗就干吗。那不是自由，是懒散，既懒惰，又散漫。真正的自由是由自律而来，是由有效地和周围世界的互动而来。能够进入自由工作状态的人，一定是最讲职业化的人。

在我看来，职业化有三个标准：结果导向；与环境融合；善于合作。职业化说到底，就是与人合作的价值。这个时代的机会多，诱惑也多，信息多，干扰也多。如果不能为别人提供与众不同的价值，很容易淹没在汪洋大海中。一个人就是一家小公司，需要在与人合作的过程中为合作伙伴或者客户创造出足够大的价值，自己的价值才能彰显。能够自由工作的人从来不散漫，他们的自由，是能力价值换来的，是自律换来的，是高度职业化换来的。

我关注一位作家，连岳。这哥们不做别的，也很少参加各种活动，最近几年，连岳连书都不出了。就只是写微信，几乎每天一篇。微信的排版没什么复杂的，更说不上美观和花哨，但每篇阅读量经常十万以上，每篇赞赏也成百上千人次。个中原因主要就是他一直写情感类专栏，从十几年前写“我爱问连岳”开始，一直写到现在。时间久了，就形成了他自己的独特品牌：情感类专栏作家。时间久了，他的独特性也就显现出来了。

我之前的一位兼职助理，小萌，平时会帮我做做PPT，处理一些微信编辑这样烦琐简单的事情。但是几次工作下来，我就发现了她的独特性：凡事都做得特别用心，她做的PPT会关注我的分享场景，会关注之前模板的页码，会提前把一些特殊字库发到我的邮箱里。到现在，我还没遇到比她更细心的助理。这也是独特性。

其实独特性并不难：回归事情的本质，持续把一件事做好，做到应该好的程度，独特性就出来了。这也是在这样一个迅速变化的时代依然呼唤“工匠精神”的原因。

职场上有两种方式体现独特性：极致精良和另辟蹊径。通过这两种方式做到独特得不可或缺的时候，机会也就来了。

有一个姑娘在互联网公司的战略部工作，自己的梦想方向是做个人成长的导师，无奈年龄太小，短时间内尚无可能。战略部领导提出在互联网环境下发展人力资源，这个话题没有人关心，大家都在盯着商业模式。她却看到了机会，主动承担任务，几个月的调研，整理，收集资料，最后做出一份通过挖掘潜力和提升驱动力来提高人力资源价值的战略方案，深得领导赏识，于是，成立项目组，由她主导开发。机会来了，进入了梦想实现阶段。

有句话说，机会总是给有准备的人。这种准备不仅仅指的是从一个人自己的角度出发的视野、能力、认知的准备，还包括从别人的视角来看的是否认可你的准备。这种别人的视角，就是价值的验证。一个人储备好的视野、能力、认知得到验证，才会有人给更多的机会。有趣的是，这个价值验证并不见得总是以“你做过什么，就还能做什么”这样以事情为评价对象的直接方式来呈现，在这样一个充满可能性和不确定性的时代，经常还会出现“这个人不错”这样对人的整体评价来呈现的情况。

这就再一次说明了，一个人做好手中工作，不仅仅提升能力，还在精益求精的过程中验证了自己的独特价值，带来更多可能性。

对于自由工作状态的人来说，需要保持“持续性”，这也是工匠精神的体现。如果希望可以自由地工作，如果希望持续发展，就需要持续学习，并保持身心健康，让自己的独特价值持续释放。村上春树是日本知名作家，从二十九岁开始写作，已经有了几十部作品，每年至少一部，体裁遍及长篇小说、短篇小说、旅游文学、报告文学、随笔、翻译，甚至还有三部绘本作品。保持旺盛的创作力，不管什么情况，持续写作，独特性自然也就出现了。

我周围很多自媒体作者在写了半年之后，都会遇到这样的问题：还有什么可写的？任何一个自由职业者也都会有这样的焦虑：我的优势能保持多久？会不会被新人替代？我要如何更新成长？这个问题和一家企业发展中面对的问题别无二致，只是小了一号，并且对于个人的刺激更为直接。

能够进入自由工作状态的人，除了能够持续提供价值之外，还要非常自律，在工作生活中保持自律，才能有更好的身心状态，保持高标准的职业道德，才能有更好的美誉度。自律是一个人自由的保障线。

自由工作的状态可不是散兵游勇，而是要兼顾身心健康，持续学习，积极向上。先把自己锻炼得自食其力了，才能带着更多人养家糊口。持续学习是必须的，不仅是跟上外界变化，还要跟上自己的成长。不管多自由，没有成长的工作状态，一定会倦怠。除了成长需要，还要注意身体健康。工作状态自由了，没有了外界的规律要求和环境，生活节奏很容易混乱。自律，是对进入自由工作状态的更高要求。既不能懒散懈怠，又不能拼命得废寝忘食，还要注意锻炼健身。

除了个体的身心健康，自由工作的人，还都格外注重职业道德。在自由工作状态下，每个人都是一个品牌，每做一件事，都是对自己品牌的塑造。在更多的事情可以被代替，更多价值不再独特的时候，人格就显得很重要。换言之，人们消费的已经不是生存必需品，甚至不是生活必需品，而开始进入生命独特性的层面，人们会在其中辨识属于自己的“品位”。

职业道德属于“品位”的一种，甚至是一种底线。有一次，在督导时，有个咨询师提到了自己在电话咨询中，在来询者不知情的情况下邀请了另外一名咨询师一起旁听。这个行为被我严厉禁止了，并责令主动和来询者沟通，说明情况和用意。别人可以不知道，道德讲究的是“慎独”。

职业道德不见得是规定出来的，而经常是一种职业的良心。曾经有个咨询师得意扬扬地告诉我，咨询中如何设置信念，以规避自己在咨询中的责任。他并没有违背什么规定，但是从此他在我的心里上了黑名单。出发点不是为了助人，而是为了规避风险的咨询师，不可能把这份职业做好。

我相信中医，也是源于一位老先生的医德。他是祖传中医，急症慢病都治得好，看得准。有一次聊天，他说到，中医讲究悬壶济世，普度众生，有钱人看得起病，拿贵一点的药，穷人也要看得起病，可以抓便宜的药，虽然性价比不同，但都要能治病。由此，我学会了辨别中医水平：就是看是否有医德。

保持了独特性和持续性，才能让一个人持续地自由工作，自由地发挥自我价值。然而，自由工作的人并不是孤立的，他们无时不在群体之中。作为个体，一方面，自由激发了活力，让人可以离开群体。另一方面，自由让一个离开群体的人感受孤独。于是，开始叩问内心，关于生命的意义。所以，与团体的接触，也是开始自由工作的人需要主动维护的。

从一个角度来说，人们越来越自由，从另一个角度来说，人们之间相互的依赖性越来越强。

从一个角度来说，外界的选择越来越多元，从另一个角度来说，人们越来越回归到自身资源和内心倾向。

自由，其实是一种工作状态。

多元职业的必然性：追求多样人生

“斜杠青年”这个热词渐渐淡出大家的视野，这是必然，因为斜杠青年本就是一个伪命题。但是，这个词背后蕴藏的职业世界的秘密却会继续。

斜杠的真相

看到一个人的“头衔”里，斜杠了好几个职业，这个时候既不要惊为天人，也不必抨击不务正业。很多斜杠，都是“伪斜杠”，是希望借一个概念给自己贴上一个流行的标签。如果换一份工作就算一个斜杠的话，那我就有十几个斜杠了。一定要在某一个领域做到足够好，才能算是稳定了一个斜杠身份。

真正的斜杠有两种：

一种是看似涉猎很多种业务，但其实也就是一个核心的多种呈现。比如吴晓波老师，不管是做音频、做社群、做投资、写书、做自媒体，说到底，都是围绕财经这个核心内容开展的。其他的，都只是形式。

另外一种确实做到了多领域斜杠，但公众最终接纳的领域也就只有那么一两个。比如王石，企业家，这是大众视野里的认知。其他的身份，不管是登山爱好者、读书爱好者、乐团成员，都是他自己的斜杠，并未获得广泛认可。

所有的斜杠里，都有共同的秘密。

先看看那些让我们觉得超强的斜杠青年。赵薇：演员/老板/导演；韩寒：作家/赛车手/导演；王思聪：投资人/游戏咖/国民老公；李笑来：英语老师/程序员/创业者/投资人……

看到这些人的第一感觉是：我不要活了，人比人得死。再一琢磨，不对，这其中有猫腻，人们总会创造神奇的东西，创造冲突，制造戏剧性效果，这样才会俘获人们的眼球。

这个中间有什么猫腻呢？

这个猫腻是我们自己YY出来的。我们会有一个错觉：一个人的多重职业身份是同时具备的，还会以为，这多重职业是同时开始，然后又同时达到可以卓越成功的地步。这种错觉，只是我们对于自己不切实际的迫切期待而已。

真相有两个。

真相一：多重职业身份一般是在不同的发展阶段逐渐叠加上去的。赵薇最开始只是演员；韩寒最开始只是作家；李笑来一开始是销售员；王思聪一开始是王健林的儿子。然后，他们从一个领域玩到另外一个领域，之前的有些领域或许扔掉了（没有价值的时候），比如李笑来的英语老师身份；或许分出不同的时间段来玩，比如韩寒的作家身份。

真相二：多重职业之间有很多相关性链接。这个我不多说，因为我也不知道内情，但是自己百度去，就会发现：人脉、圈子、家庭、朋友，都是产生这些链接的黏合剂。即便是看似完全不相关的领域迁移，也经常是以兴趣、圈子、视野为转移的。

斜杠是一个结果，而不是一个起点，不是一开始就可以制订一个向斜杠发展，并且多方向同时起步的计划。如果那样的话，多半是要死掉的。自然的情况是：从第一个身份开始，发展得出色，到优秀、卓越，慢慢地，再开始发展第二个、第三个，到后来，在多个领域都玩得很好的时候，就可以更好地融合多种资源。身份或许是多重的，但是精专的一定不那么多。特别是作为技能，即便曾经很强，疏于训练和使用，也一样会生疏或落后。但这些都不影响多领域融合起来的强大势能。这样想，是不是就坦然一些？慢慢来，只要时间够，你也可以成为斜杠青年。

从这个角度来讲，斜杠青年没那么神秘。对很多“斜杠”来说，发展出来的那些领域甚至是没有经过规划的，因为斜杠发展本身也是一个人自我探索与实现的过程。从最初可以接触到的最近资源开始，发展第一份职业，然后在过程中发现：

1. 原来自己对其他领域也有很强的兴趣；

2. 终于有实力可以开始自己之前感兴趣的领域了；

3. 某些领域被很多人认可，或许可以尝试一下。

于是，在种种不确定中，开始了尝试与探索。出于一贯的优秀习惯与通用能力迁移，加上可能的机缘眷顾，第二个职业出现了。这可能就是之前万万想不到的，至少是没有那么确定的。但这么一个没有“规划”的斜杠，却又是如此天经地义：符合个人在生涯发展中持续自我认知与外界互动的规律。这样的规律性，才是研究生涯的应有之义。

斜杠背后，人们追求的是多样性

王石说，一个人的专业高度来自勇气和智慧，一个人的人生宽度来自趣味和自我期许。所以，如果你因为趣味去发展爱好，那可能会出现很多感兴趣的领域，这个很正常，或许还会慢慢从爱好发展成专业，从票友发展为专家，这都有可能。

如果你因为自我期许而发展不同领域，这其实是在追求多样化的人生，不甘心一辈子只积累一两个领域的认知。多半情况下，人们都是从一个领域出发，不是以跳跃，而是以挪动和迁移的姿势拓展到其他领域的。因为跳跃起来，需要的能量更大。李笑来老师说的七年就是一辈子，指的就是不断把自己的认知拓展到不同领域。做互联网的丁磊去养猪，做培训的罗永浩去做手机，做医疗的冯唐写小说，教英语的李笑来做投资，他们之所以彪悍，不在于他们做成了什么，虽然他们确实做到了事业成功。更重要的在于，斜杠的人生都有一颗熊熊燃烧、永不熄灭的对世界的好奇之心。

不知你注意到没有，有两个看似不相干的奇葩热词曾经同时流行：斜杠青年和工匠精神。一个似乎在说不断转换领域，一个却是讲如何钻研深入、持续精进。为什么这两个词都很流行呢？我们换个角度，看看这两个词都表达了什么样的追求。

斜杠青年代表了人们对于多样性体验的追求。人们在问：人生还有什么可能？这其实也是一种对于限制的反叛和对于意义的追寻。有对年龄限制的摆脱，比如艺术家王德顺，八十岁的年纪依然可以活跃在舞台。有对专业限制的摆脱，很多人的职业斜杠，说明学的专业与从事的职业可以不是一回事。还有对家庭背景的背离，一些人出身世家，也经过系统培训，但依然转行，或者发展着其他领域。所有这些斜杠不仅有“反叛”的意义，更有对于多样性体验追求的价值。

工匠精神追求的是成就感，追求的是不可替代和难以超越，追求的是把事情做到极致。如果在一个环境中，通过深入钻研可以获得嘉许和回报，那么就会有人专注一个领域去做创新、迭代、研发。

成就感与多样性，密切关联。人性本来追求变化，没有谁愿意一直重复简单的工作节奏，但是具体表现却有不同，有人通过变换领域实现变化，有人通过同一时间的多样化来实现变化。越是造诣超群的匠人，越需要在一个领域里，精深钻研，琢磨出不同的玩法。于是，你就会发现，工匠精神与斜杠青年是一回事，只是表现形式不同而已。

从这个角度讲，斜杠背后的“多样性”，是社会发展的必然，也是职业发展的必然。只是，这个多样性，既可以是一个领域的多种形式，也可以是多个领域的跨越与转型。

如何发展多元职业角色？

虽然人们可以越来越自由地追求多样人生，虽然人们可以满怀好奇地发展多元化职业角色，但并不是每个人都能在这样的趋势里做到如鱼得水。善于创新、迁移、转换，善于发展出多样人生的人往往具备这样的特点：

内心安全感强。安全感低的人，会追求稳定，会追求既得利益，会追求确定回报，所以就会跟随大队伍进行迁移。或许也会跟随别人一起转换领域，但是一般不会主动地进行尝试，所以出现多样性的概率就低。而自我内心安全感比较强的人，就喜欢有探索与尝试，对于陌生也没有那么多的担心，这样的探索会容易拓展自我的认知，也容易找到可能的机会。

学习适应能力强。并不是一味“折腾”就可以有多样性的成功，有人折腾了好多次，就还只是折腾，并没有折腾出个样子，原因就在于学习适应能力不足。有人在一个领域做得不错，也企图进行过尝试，但是一旦进入新领域，遇到了陌生情景，加上没有资源支持，立刻就受挫了，然后就又退回到原来的领域，这就是学习适应能力不足。任何追求生活多样性的人在进行领域跨界的时候，一定会有一个学习适应期，在这个阶段，就只是学习新知，之前的所有领域优势、资源、能力几乎都没有办法迁移，只有经过了这个阶段，才能慢慢实现融会贯通，横向迁移。

在迁移的过程中，需要死磕和融合。越能死磕，越能快速发展获得资源，越能快速迁移到其他领域里去。说起死磕就想到了匠人精神，其实，工作多样性与持续发力、精深研究的匠人精神一点也不矛盾。毕竟，跨界不容易，跨界之后，活下来更不容易，跨界之后，还真能做出点成绩，就更难。没有足够强的能力，没有些精神，是断然做不到的。

融合往往是基于在一个领域做得好的基础之上，也是之前说的从1到N的过程。发展出多元职业角色的人多是如此，比如韩寒，从新概念作文起步，进而变成新锐作家，写了多本畅销书之后，做出版，做影视，把自己的写作、赛车、创意、个性融合在了一起。

融合是一种能力，也需要有足够可以融合的基础，这就是之前的资源，看似并不相关的领域，做着做着，就可以串联起来。在同一个人那里，再不相关的领域，都是可以融合的。这方面的例子太多了，林志颖、赵薇、郭德纲，都是如此。

个人营销与合作能力。这是很有意思的一个方面，你有没有注意到，任何事情，做得好是基础，但是能把一件做好的事说得好，才是成功的关键。个人营销无处不在，小到你周围的同事、项目组，大到企业、同行、读者、受众。一个人反复强调自己在某些方面的特长，会让人自然产生链接，如果加上一些突出的事情做得确实好，那么认可度就会出现，进而会反过来加强一个人对于自己的要求。这是一种有趣的闭环，周围的相关者都是你的合作者，你只需要持续做，持续讲，做得好，讲得好，就有效果了。

多样性都是从零到一

斜杠青年的发展路径是从0到1，先发展好一个职业，然后从1到2，实现第一次突破，发展出来第二种职业，再到N，发展出来多个斜杠。即便有人能力超强，在一定基础之上可以多头并举，那经常也是不断切换频道的，只是速度较一般人更快。多元职业角色也是这样发展出来的，我们像是在不断地积累，然后蓄积了资源，再进行不断迁移。

迁移的关键，就在于开始，在于第一个身份。做好第一个身份，有两方面价值。

首先，做好一份职业是向自己证明：有足够可以迁移的资源和能力。一份职业发展不好，做第二份职业，那不是斜杠，是重新定位。即便进行职业的转换，第一份职业做不好，其实也很难让自己有信心转换到第二个职业。做好一份职业，是一种通用能力的积累，也是对于信心的积累。特别在最初的时候，自我管理能力、沟通协作能力，这些都是完全可以迁移到任何一份职业中去的。

同时，做好一份职业，也是向别人的一种证明：我有足够的能力创造价值。不管做哪一行，之前的优秀都是职业能力的体现，相反，做得不好，在准备多样化的时候，遇到的第一阻力就是，没有机会，而且，没有人愿意给机会。好的职业经历，说明了好的职业表现，证明了好的职业能力，验证了好的职业价值，当然更容易获得好的工作机会。即便是斜杠，那也是由一份份职业组成的。

这似乎很容易陷入一种“踏踏实实做好工作”的鸡汤，问题来了：在做一份职业的时候，如果不喜欢，不想投入怎么办？如果没能力，做不好怎么办？如果没有历练和成就的机会怎么办？答案都是简单得令人惊讶，因为这些问题本身都是一些简单的贪婪。

不喜欢一份工作，怎么才能做好？那就找个喜欢的呗。如果对一份工作极度厌恶，那真的是难以做好，这个时候，就只有再找一份了。有人说了，不知道自己喜欢什么怎么办？继续找，找到自己喜欢的为止，如果你对“一定要做喜欢的事情”有要求的话。有人说了，总找不到自己喜欢的，怎么办？简单，降低要求，接纳一个还能接纳的工作，先做好再说。

那好，没有能力把一份工作做好，怎么办？提升能力呗，除此之外，别无他法。提升的方法也很简单，把目前所有的障碍列举出来，把需要提升的能力找出来，然后列出学习和提升清单，一项一项提升自己。过段时间，再重新梳理，看反馈，看结果。能力提升这件事，千万不要有任何幻想。

如果没有历练和成就自己的机会怎么办？不可能，能力提升根本不需要机会。你想做一件事，本身就是机会。一个人因为被动，往往等着别人给自己安排任务，教会自己做事，帮助自己提升，那才需要机会。而一个人主动寻找提升点，主动训练自己，主动承担任务，到处都有机会。很简单，谁还会不喜欢一个多做事，不拿钱的人呢？当然，做事之初，不要功利，甚至不要有这样的想法："我就是来成长的。"因为没有人会为你的成长埋单，但是主动承担任务和责任是不会被拒绝的，内容和领域从熟悉到不熟悉，能力也就得到提升了。

所以，做好一份职业是发展多元职业角色的基础，做好第一份职业，就实现了从0到1的积累，做好第一份职业，才让工作多样性成为可能。进而，经过探索、学习适应、迁移，就可以进入第二种、第三种、第N种职业和第N个不同领域里了。

斜杠青年这个词即便消失，人们追求多样性体验、多元化职业角色，以及多领域成就的欲望也会持续催动着人们向陌生领域进发。碰巧，这个时代是如此的包容，又是发展到了机会频出的时候。人们追的不是斜杠，而是更多的自我实现。

一个追求工作多样化的人，首先要做一个猎人：对新领域、新工作内容具备冒险精神，对与自我匹配的价值有敏锐的嗅觉，还有对各种挑战有一击必胜的信心，同时对各种挫折有积极的抗击打能力。

一个追求工作多样化的人，然后再做一个农夫。对自己的领域深耕细作，以工匠精神追求极致。在自己的一亩三分地结出果实，有所收获的时候，多样化的野心和能力也就出现了。

一个追求工作多样化的人，首先要先做一个猎人，然后再做一个农夫。

梦想家精神：自己定义自己

有人追求成功，升职、赚钱，有人追求顺利，跳槽、适应，有人追求突破，转型、创业。在所有这些积极主动的追求背后，都有一个共同的期待：自我实现。不管成败，经历了求变的过程，一定会回到内心，问自己这样的问题：

我的人生意义是什么？

做些什么才能让我更有价值？

做什么事会让我充满热情？

未来，我的方向在哪里？

我的使命是什么？

这些问题非常类似，会在不同的时间，以不同的面目出现。在志得意满之时，在饱受争议之中，在沉思冥想之际，在喧闹讨论的当口，在生离死别的时候，这些问题的出现，是在推动人们进入下一个阶段。

作为一种生物，人的生命本没有意义，和其他所有生物一样，从产生到湮灭。但偏偏人们自以为是有思想的，可以创造出意义，于是，就为意义而活。在每个人那里，都有一个自己定义的意义，这个意义既与整个社会历史背景相关，又差异得略显别致。这个意义深深地根植于每个人的成长经历、自然基因和家庭社会背景，又在职业生涯的发展过程中不断地重建和再造着。

就像乔布斯所说，过去的所有经历都会串起来。其实，这只是回过头来看的结果，并且是一个人在做着自我解释性的重新建构。但毋庸置疑地，一个人的生涯轨迹会趋向于稳定，并不一定是工作领域的稳定，而是更加可以预测，更加可以笃定，因为人们在寻找中越来越理解自己，越来越会定义自己。

也正是在过往一次次的起伏颠簸中，在成功的兴奋退去，在失败的绝望消散，在越来越少被外界刺激，心境越来越平淡的时候，我们反倒会越来越笃定，那是一种自内心燃烧起的火焰，我们把它定义为自己的使命，为了这使命，我们宁愿自己被这火焰燃烧。由此，我们一定要实现些什么，我们把它叫作梦想。

梦想的特征

你有一个梦想吗？先把它写出来。

可别告诉我是什么买房买车、环球旅行之类的消费项目。这些被异化的“梦想”充其量只是一些人追求生活享乐的目标，甚至还只是奢望，是一种得不到的渴求与被社会庸俗价值观硬塞进来的目标，和自己无关。很多人只是觉得目标不容易实现而已，并非对此充满热情，即便实现了，也不会有自我实现的幸福感。当一个人抱怨现实与梦想之间如隔天堑的时候，当一个人总也没有行动力的时候，当一个人只对别人的成就垂涎的时候，还谈不上梦想实现呢。

还是先来说说什么是梦想吧。在我看来，梦想具备这么三个特点：

1.梦想是一种对未来的期待，远近大小都无所谓。

想明白了这件事，就不必有各种纠结了。现在不是各种不如意吗？这是必然的啊！否则，怎么会出现一个被称为“梦想”的目标，还那么诱人呢？

实现梦想的过程怎么那么艰辛？这也是必然的啊！否则，怎么会在实现梦想的时候，喜极而泣呢？

能够实现梦想的人怎么总是少数？这还是必然的啊！否则，梦想怎么会有那么大的魅力呢？

梦想和现实之间，可以只是时间的距离，这是对梦想实现本身的信心。只要对梦想有正确理解，对实现方法有正确践行，在时间的轨道上，一定会实现，甚至和机遇无关，和具体的目标无关，和成败无关。梦想，很多时候就是走在路上的感觉。

2.梦想承载了自我期待和价值追求。不同于工作计划，可以和工作相关，也可以不相关。梦想本身和物质享受无关，虽然财富和物质可以是梦想的载体。

这就说到了买房买车买别墅，高档消费环球旅行，如果这些目标是梦想的全部意义，那么追逐梦想的个人就成了工具，不断通过劳动创造价值，然后再换取价值。这并不是道德评判，可以问两种人：一种是拥有了这些财富的人，一种是和这些财富相去甚远的人。前者一定会告诉你，财富只是数字，代表着他们所追求的价值。后者也会告诉你，如果拥有了这些财富，那种喜悦一定是来自获得时的成就感。可见，物质背后的价值实现才是真的梦想。

3.梦想可以是抽象的描述，也可以是具体的目标，但一定是自己想要的，非做不可，必须完成。这样的梦想，才会带来超强的驱动力。

只停留在口头，从不想行动的，只能叫幻想。

财富、成就、幸福、自由、自我实现，你随便问一个人，这是不是你想要的，或许都会得到一个不假思索点头称是的答案。然而，继续问问，你会为此做些什么？估计一大票人不是茫然不知所措，就是说出一个连自己都不会相信的飘忽回答。这时候，你就知道了，那些美好的事情还只是停留在幻想中。一旦开始向梦想航行，就要准备接受各种不确定性和困难挑战，以及在成功之前的失败积累。行动、调整、再行动、再调整，梦想路上，你看到的都是快乐而辛苦的奋斗者。

梦想不管是否实现，在回顾追寻过程的时候，你都会发现，这是让自己没有白活的关键事件。一个梦想家的人生，就是由一个个梦想组成的。

实现梦想，你需要避开这三个坑

并不是每个人都是天生的梦想家，更多的人是在追求梦想的路上磕磕绊绊，甚至痛苦挣扎。这时候，不妨看看，你是不是掉入了梦想的陷阱？

第一类陷阱，我称之为“梦大无力”。典型表现是：有一个比较明确的梦想，说起来都让人兴奋，但是又觉得有点遥远，可能实现起来不是三五年可以达到的。虽然有感觉，但是又不知道从何处下手。好不容易找到自己以为的路径，走过去，却被拒绝；挣脱各种纠结，总算开始了，但是一次次得到的却总是负面的反馈和评价，结果也总不尽如人意；给自己设定了一些榜样，没看到他们的时候，感觉迷茫，真的近距离看到了，感觉更加迷茫，比自己聪明的人比自己还努力，自己还有什么机会呢？

这些都是梦想太大，无力实现的典型表现。

有个姑娘，海外留学背景，在好几个国际组织里实习过，她的目标是创办一个提升人们创新能力的组织。可是回到国内，一方面看不到类似组织，没有可以借鉴的榜样，另一方面又觉得自己的管理、沟通能力都还欠缺，对自己没有信心。所有这些都让她有一种深深的无力感，于是，在移民、创业、国际组织之间焦灼而迷茫地奔跑着。

这样的情况并不少见，有一位IT工程师，工作了三年，开始带团队、做项目。在工作中，忽然发现了与人沟通、帮助支持他人的乐趣，于是就来学习生涯规划，希望成为生涯咨询师。他几乎学习了所有的培训课程，给自己的目标是三年内成为一名可以全职的生涯咨询师。可是，两年过去了，他的咨询技术似乎并没有什么起色，有时候咨询还很虐心，完全找不到成就感。明明是喜欢的工作，怎么能做出这样的效果呢？

“梦大无力”的情况，不仅出现在年轻人身上。有位四十岁的女士，在做了十多年的个体经营之后，转而带团队做销售。一直以来，她对自己未来最好的设想就是能进入精英阶层。她并不缺钱，缺的是那种通过自己努力可以更加优秀，并融入优秀团队的成就感。然而，在经历了最开始的凯歌高奏之后，后续的推进并不顺利，团队中出现的种种问题让她遭遇到了瓶颈，而又不知如何处理。

这里的“梦大无力”，指的是相对于一个人当下的状态和能力来说，梦想过大，无力支持。或许在行动中总是失败，或许找不到让自己信服的现实路径，或许连信心都没有。很多人直接遇到的现实问题是：没有资格去做与梦想相关的事情；可以做事，但是无法赚钱，不能生存；看不到实现梦想的机会。

这些拥有梦想的人，像是进入了一条黑暗的隧道，没有一丝光亮，向前走，不知道什么时候可以走进光明，后退，就意味着放弃梦想。现实状况与梦想之间似乎没有一点关系，甚至是，完全不在一个频道上。就像是我们对梦想的期待是环绕云雾间，一览众山小，而现实是，小道泥泞，杂草丛生。没人会告诉你，这就是通往梦想的现实小路。

这时候，需要认识到，梦想本身充满了不确定性，从来没有一个可以照做的清单，一项项打钩就能实现梦想了。戒除焦躁，不要着急。把梦想切分到不同的阶段，最近的目标和自己当下的能力进行匹配，与此同时，升级自己的能力，让更大的格局和视野承载更大的梦想。

有人因为梦想过大，无力实现而焦虑，还有人却不敢正视自己的梦想，总在和别人的比较中被碾压。无意中，就陷入了第二类陷阱：“梦想绑架”。

有一次做培训，课间，一个男生过来问我："赵老师，你说什么是梦想？"问这问题的时候，还有些不好意思。我好奇地反问他："你想问什么呢？"他一下就放松了："赵老师，我似乎没有什么太大的梦想，我就想攒点钱，开一家民宿。"我告诉他，梦想无所谓大小，是你自己的就好。梦想所承载的是你现在对自我的认识和期待，还有你希望获得的价值。

我们对自己的梦想无感，感到不好意思，甚至有点鄙夷，这主要来自和别人的比较。本来历经几个月读完一本书，因为忽然读懂了书中深意而喜不自胜，但是打开微信，却看到别人每天一本书，顷刻间，成就感被碾压了，忽然就失落了。反倒会回来质疑自己：我刚才做的那件事，真的算是梦想吗？

对梦想产生困惑的时候，是一个机会，一个提醒自己的机会——提醒你重新审视自己，升级梦想的机会。

在一些人看来，这个社会浮躁得可怕。有人一夜暴富，有人一夜网红，有人一朝成名，而且这些也都是最抓眼球的标题：一个月靠写作赚了十万，一晚上直播进了十万大洋，一年读了三百本书……芸芸众生对此趋之若鹜，我总有好奇：难道他们不害怕吗？不害怕这些都是圈套？

重新审视自己，看看自己被外界所拨动到躁狂的心弦与什么相关。别人所推崇的那个目标是不是自己的梦想？自己追求的到底是什么？要形成定见。如果一个想法是摇摆的，那说明还没定下来，用行动把左右摇摆的两个想法都践行一遍，定见自然就出现了。

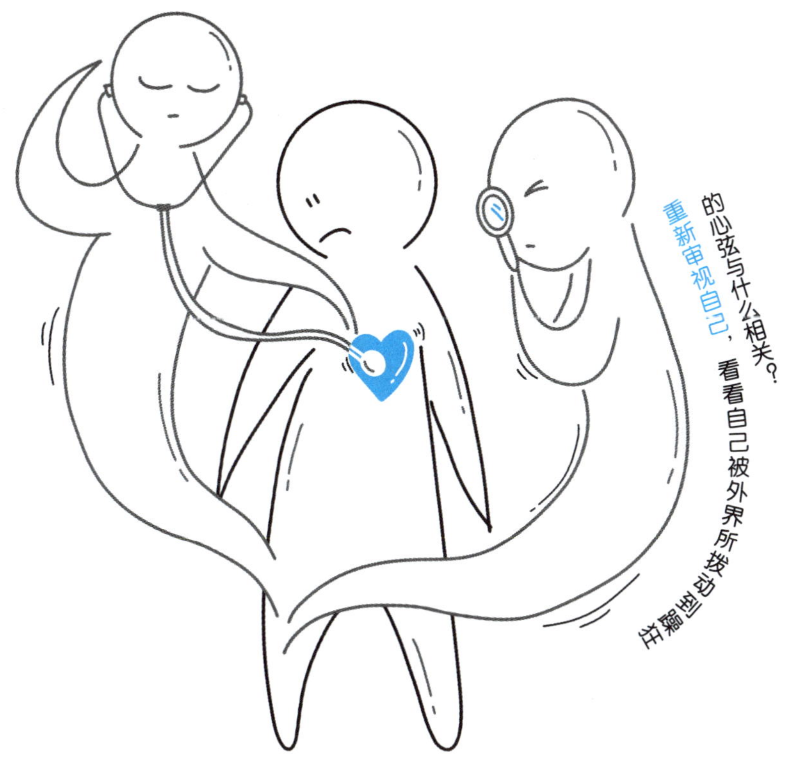

比如，被朋友的环球旅行梦想打动了。与其犹豫自己是否也喜欢这样到处游走的方式，不如趁着年假背包出去好了，一年走几次，看看是越走越开心呢，还是越走越怀念稳定在一地，安静地过日子。或者，开始喜欢到处走，慢慢地，就喜欢稳定了。体验带来的你对一些事情的看法，就是你的定见。这个，听谁讲都没用。

有人问，如果每件事都这么做，是不是成本高到不可能？不会的，你不可能那么傻，每个人都不可能那么傻。每次践行带来的不是像实验室里的结果，只一次有效。践行带来的，是一个人认知的全面提升。只是，要珍惜这样直接践行得到的认知，要对这样的认知有信心，既然是体验而得，就要比一百个人说一百遍有价值。经过践行和检验的梦想，才不会被别人绑架。

对梦想产生怀疑，不敢承认的时候，心里还是有梦想的。有些人看到别人追求梦想，那个着急啊，问问自己，却问不出什么来，又不愿自我欺骗，于是坦陈：我没有梦想怎么办？其实他是想问：我该如何找到梦想？

这是第三类陷阱：“梦想不能”。

这样的情况，也不是一天形成的。就像是一株植物没有长好，从小就被捂着长，从来没有在梦想这根枝上发过芽，就是发芽，也被掐掉。长大了，成人了，工作了，终于独立了，忽然有一天发现，怎么没有梦想呢？甚至有人连这个问题都问不出来。

这样的人并不少，有些生命之树生命力旺盛，硬是钻出来发芽，但更多人真的是没有品尝过实现自己梦想的滋味。有一句励志的话，有梦想，永远不晚。但是，没有梦想的人呢？我们要继续励志：探索梦想，永远不晚。

接下来就是方法了——探索梦想的四种途径：

1. 从可能的兴趣中找。

2. 从书籍、影视作品和各种信息资料中找。

3. 从榜样人物中找。

4.从过去的经历中找。

这些还都只是途径，具体的方法，就是像保护濒危动物一样，发现一个，保护一个。然后不管对错，践行一个，通过结果反馈，再对梦想进行调整。

在对梦想的探索和践行中，会出现一个质的变化，就是树立一个人对于梦想的信心。这种信心是：相信一个人是可以拥有一个属于自己的想法，并通过自己的努力来实现的。这样的信心和自信有关，但是并不能画上等号，自信和能力相关，一个人能力越强，就会越有成就，也就会越有自信。而梦想的信心是对一种规律的相信，这样的相信会产生一种对于梦想的笃定。在对梦想产生信心之前，梦想或许就是别人的奇迹，或者胡言乱语。

我一个同事的父亲，五十岁内退，离开了让自己郁闷几十年的财务职业生涯，从零开始做起了书画的小学生，十几年的时间，读了四所大学，全职潜心学习书画，从山西读到北京，后来又读到杭州。在六十七岁，开出了自己的个人书画展，展览了五六十幅作品。他的书画梦想就是在退休之后才找到的。

人不是工具，如果只是经历了养家糊口、买房置业，在人生历程中没有自己对于生命的理解，并赋予其中意义的话，那就是被物化了的工具。树立梦想最好的时候，是在小时候，那时候最有想象力，也最无可畏惧。可惜，很多人的梦想和想象力会被扼杀，被社会化为比较、竞争的工具，更重要的，由此失去了对于梦想的信心。

当成人之后，如果还对梦想有期待的话，如果不甘愿一生如此度过的话，那就随时开始。当然，这是在补课。只有接纳了这一点，才有可能看到梦想。如果梦想不能，就锻炼出这种能力。

或许有天生的梦想家，或许有一直成功的梦想家，但我相信，更多的梦想家是经历了一个个梦想陷阱，却依然对梦想充满信心的人。即便从未成功过，也依然有信心。

思考 梦想梳理十问

写出自己的梦想，问自己十个问题：

1. 我有梦想吗？
2. 我的梦想是什么？
3. 这是我想要的吗？确认吗？
4. 这是我能在一年内实现的吗？
5. 我能看到梦想实现时的样子吗？那是怎样的？
6. 这个梦想是非做不可，必须完成的吗？
7. 这个梦想寄托了我的什么期待？
8. 如果梦想实现了，我会和现在有什么不同？
9. 如果10分是满分，我有多大程度想要实现这个梦想？
10. 我还要做调整吗？

梦想家养成攻略：扎根现实，面向未来

有一句看似很有道理，但总被曲解的话：梦想很丰满，现实很骨感。这句话描述了事实，但总会被人解读为对于现实的不满，和对于梦想的哀怨。

不是的，梦想本就应该比现实丰满，不然，那还叫梦想吗？在梦想家们看来，梦想是未来的现实，现实是梦想的起点。在梦想家们看来，梦想不是最后一个确定的结果，非此即彼，而是持续追寻、不断调整的过程。在梦想家们看来，内心该是笃定的，状态会是乐观的，行为总是积极的。在我看来，梦想家是一群把根扎在现实的土壤，却面向未来的人。

梦想家们会先让自己生存下来。这并非指的是活下来而已，“生”是核心，“存”是结果。生存要做到三点：有基本的物质保障，不要让生活成为焦虑源；立足现实，做好本分事；不忘梦想，保持链接。

基本的物质保障特别重要，有人跑着追梦想，不顾生计的时候，就反过来被每月的房租、交通、通信、生活保障、学习培训等拖累，在一个人失业、裸辞之后，现实的危机感让人焦虑得根本想不到梦想。所以，保障

基本的物质条件很重要，降低生存成本也很重要，这是让心安于梦想的条件。

做好本分事，就是做好当下的工作。有人觉得，手上的工作不是梦想，多做无益，身在工作，心在梦想。然而，梦想在远方，总看着梦想走路，或许每次都会踩空。有人跌跌撞撞，摔得鼻青脸肿，摔到爬不起来，也还在委屈，为什么梦想那么难实现。立足现实，就是在没找到更合适的工作之前，做好本职工作。这个现实就是站在离你最近的地方，即便是走错了，也会因此而有机会看出到底站在哪里。做好本职工作就是对得起你的工资，这是人品，也是职业道德。没有一种职业，叫专职的梦想探索者，多数人不具备可以“不赚钱，不养家，专门提升能力、实现梦想”的条件。那么，你赚钱，就要对得起这份工资，这就是本分。做好本分，才有更多的机会出现。

一个做不好本分的人，不可能有大的作为。马云是作为一个本分的教师走出来的，罗胖是作为一个本分的媒体人出来的。我有一次去电台做节目，遇到了一个农民工出身的美容美发师。他开始是因为喜欢这一行，所以即便是每天做着洗头、洗毛巾的简单枯燥工作，拿着微薄的薪水，依然开心地坚持。十年之后，不仅美容美发做得好，还开起了自己的美容美发学校。

我们处于现实中的人，就一定要遵循现实的规则，梦想从来不是建在游乐园的固定游戏。我们要活着，可能会做一些现在并不那么喜欢的事，这是必经之路。只是，在生存之外，不要忘记你的梦想，将工作、生活和梦想做链接。或许有直接的关系，或许就只是储备，或许将来会有机会，只有有了链接，才能让生存不那么苦逼。就像是一个人走在黑暗的隧道里，需要做的，只是走，但是在心里应该知道，这么走着走着，就能走进光亮。

为梦想实现做的储备

梦想难以实现的关键原因，就在于储备不足。本质上来说，梦想实现需要三方面的储备：视野、能力、认知。视野，见得多了，自然就知道距离梦想到底有多远；能力，把目标变成结果的能力；认知，让别人的见解变成自己的理解，让自己的能力得以发挥，需要的就是认知，或许就那么一点点，就能改变一个人的世界。

有人说，人脉呢？是不是一种重要储备？人脉只是一种手段和方式，通过人脉，获得的还是视野，还是认知。

于是，你又会发现，所谓的储备并不一定是在锚定的梦想中才能得到，做任何一份工作，都可以储备。

曾经，我做过一段时间的出国项目管理。有一次，领导很不好意思地问我愿不愿意承担档案整理的任务，之所以不好意思，因为这是一件一般年轻人（我当时还很年轻）都不愿意做的事情。所谓整理档案，就是把档案按照时间和项目的顺序分类、归档、整理，然后手工打孔、穿线，做成档案盒。之前做这件事的人是位老先生，但是因为他眼神不好，进度比较慢，已经积压了好几年的档案没有整理了。

我一口就答应下来了。然后开始加班做，晚上加班，周末也加班。我为什么这么卖力呢？因为我做得慢。是我手笨吗？我确实手笨，不过再笨的人，顶多练习一天，也就熟练了。因为，我在做档案的时候，发现了宝！这些档案都是历年来出国项目的申请资料，领导希望我整理档案，同时也熟悉各个项日的情况。我一边整理一边看，一般人只是看页码，我走心，看内容。从中看到了很多人的成长轨迹，现在虽然什么都不记得了，但就像看小说一样，我积累的是对人性的洞察。现在看来，这样的经历，对我做咨询师也是大有裨益的。

未来，我们是看不清楚的，或者说，只有少数人能准确预测而已。但是回过头来看过去，总能把有价值的经历串起来。做好本分事，可以让自己有价值，有价值就有筹码走向自己要去的方向；做好本分事，可以训练自己的能力，总有能力可以在未来迁移到自己的方向里去的。

安于现状，心系远方。

有个前同事，人称许老板。偶然有次沙龙接触到了德州扑克，立刻就着迷了。公司不是体育竞技公司，当然就没有德扑这项业务，许老板也是做销售的，没有机会在工作中实现自己的小梦想。怎么办？业余时间学。一年后，他在一次演讲中说，靠打德州扑克已经赚了好几台笔记本了。

我了解到他学习的很多细节，比如为了了解扑克知识，买了一千多块钱的书，一点点啃下来；为了锻炼记忆力，手机下载APP记图案，记数字；为了学习自己不擅长的数学，制作了很多表格。他做过统计，一年在学习德州扑克上花的时间是七百多小时，平均每天两小时。而做了所有这些，他并没有影响本职工作，还连续获得销冠，一年里，只因为参加比赛请过一次假。

离职的时候，他和我说，赵昂老师，我决定追寻自己的梦想了。

我相信他能够成功，其实，从他开始为自己的梦想埋单的时候，他就已经成功了。永远别把梦想的主动权交给别人，包括向别人乞要机会。当一个人开始像怨妇一样抱怨别人不给自己机会的时候，问问自己：凭什么啊？然后，就会清醒过来，赶紧工作，留出时间来好好学习。

机会不总是别人给的，静待时机也不是傻呵呵地等着天上掉馅饼。这个“静待”既有主动学习，也有审时度势。

生存、蓄积力量、寻找机会、静待时机，当把这一切都做好了，剩下的就交给时间吧。和梦想一起成长，等到你也长大了，梦想自然就出现了。在一条黑暗的隧道里走，如果一直是黑暗，看不到亮光，那只是时间不够，你需要保持耐心，需要更多的成长。

梦想实现的关键要素

我用一幅图来说明梦想实现的关键要素。

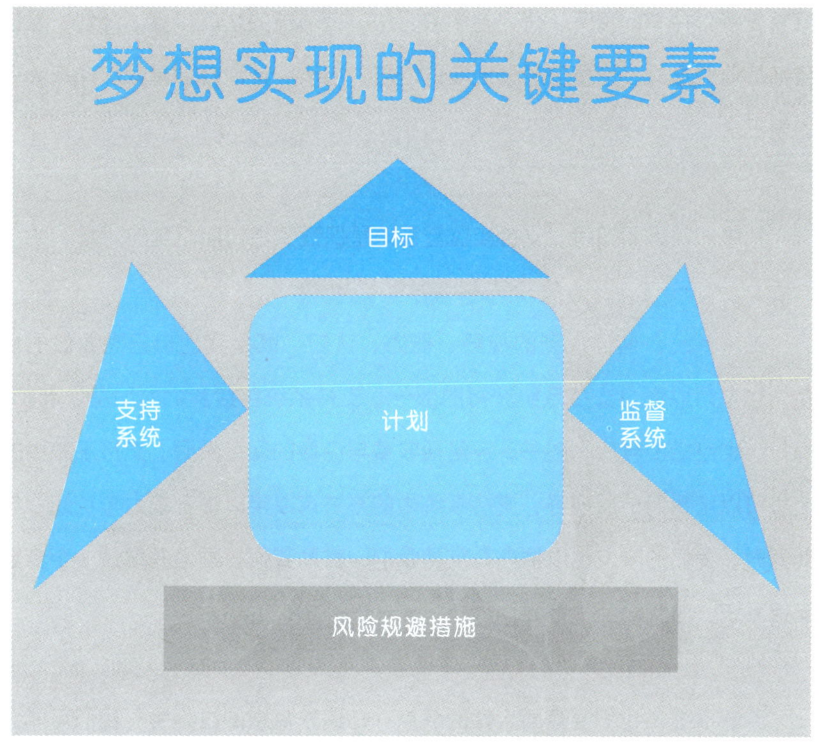

真实而具体的目标。梦想之所以难以实现，就是因为往往会落入一种大而无当的幻觉之中，或者空洞无实的大目标中。这样的梦想要么难以实现，要么从不会真正想要去实现，只能当作“吉祥物”，作为谈资罢了。所以，梦想要实现的第一要素就是要有一个明确的目标，而且这个目标如果太远太大，就要继续拆分，细化到看得见、够得着的程度。所以，目标就像是梦想这只大鸟的头部。

落地靠谱的实施计划。围绕这样的目标，接下来要怎么做才能实现呢？这就是计划。制订计划的时候，我们就已经在路上了。计划也不是凭空想象的，要靠谱，就得有“资源可获取、方法能达成、结果可期待”的特点。这就需要整合并争取资源，研究并学习方法，有清晰的达成步骤。计划，是让目标落地的方式，也是梦想与现实的链接。所以，计划就像是梦想这只大鸟的躯干。

梦想一定需要翅膀，支持和监督系统是保证梦想如期而至的两翼。

支持系统。前面说到的视野、能力、认知，既是我们自己需要做的储备，也是可以通过支持系统获得的部分。支持系统包括我们的朋友、老师、同行，也包括资料库、图书，还包括收费与免费的网络资源。支持系统中的信息可以帮我们扩展视野，支持系统中的方法可以用以提升能力与认知，与此同时，我们的亲友也以情感在支持我们，鼓励我们。营造并维护一个梦想支持系统，对我们至关重要。

监督系统。我们要直面人性的弱点，在追求梦想的过程中，我们可能会倦怠、会颓废、会失落、会拖延。这时候，如果有人温柔而坚定地提醒你，有同路人与你砥砺前行，有人走到了前面成为榜样，这些都会以一种有形无形的压力或动力形成监督。我们需要这样的监督系统来克服自己的弱点，这是成就梦想的保障。

风险规避措施。任何一个梦想的实现过程，都是一次冒险。事实上，除了生死，也不会有什么事是确定发生的。我们需要像经营一个创业项目一样经营自己的梦想，就要做好发生各种风险的准备。然后要问自己三个问题：

如果不管怎么努力都不能达成梦想，怎么办？

如果梦想实现过程中，希望调整目标，怎么办？

如果在梦想实现过程中，有不可避免的意外发生，怎么办？

风险规避措施，并不是说要避免任何风险发生，恰恰是要反过来问自己，如果发生了这些风险，我们该怎么办？想明白了，才坦然了。

以目标为头，以计划为躯干，以支持和监督系统为两翼，以风险规避措施托底，梦想大鸟可以起飞了。

梦想家追寻梦想不是一个线性有终点的过程，而是在过程中持续不断升级梦想。梦想要升级，能力要升级，整个人的格局与视野都要升级。如何升级？请认真地、逐一地回答以下“梦想升级十问”：

1. 之前的那些梦想都承载了我期待的什么价值？
2. 这些价值都实现了吗？
3. 我现在如何看待这些价值？
4. 这些价值和我有什么关系？
5. 现在，对我来说，更期待追求什么价值？
6. 说出这些价值的时候，我有什么担心吗？
7. 我期望自己是一个什么样的人？
8. 那么，现在看来，我想去追求什么价值？

9. 这些价值可以通过什么目标来实现？

10. 为了实现这些目标，我会如何安排什么计划？

这十个问题的内在核心是承认一个人内在的成长性，可以称之为野心、雄心、欲望，但就是真真切切地存在着。而且这种存在早就发生，源远流长，从一个人孩童期开始，从考第一名，打架获胜，穿漂亮裙子开始，经历了诸多世事，机缘巧合，高峰低谷。当把所有这些串起来看的时候，又是吻合得天衣无缝。

既然天衣无缝，那就继续下去吧。每次成功之后的失落，是内在卓越性在呐喊，是能力超越目标的表现，是梦想需要升级的提醒。

只是，需要注意的是，不管什么时候，梦想都要是自己的。我们可以简单地以大小谈梦想，但实际上，这又不是简单的大小可以衡量的——千万不要陷入社会的普遍评价，不要陷入与别人的简单比较。所以，“梦想升级十问”中，有一个“我期望自己是一个什么样的人？”这个问题要反复问，直到确认，这就是符合自己的。

梦想家有着独特的属性，他们心怀对于梦想的信心，一旦有一次实现了，就会让自己进入这样的循环，通过梦想实现自己的突破。而从未体验过梦想的人，不妨从旁观者队伍中走出来，亲自来试一试。

平衡四步法：如何高效利用资源

平衡是一种诉求，在面临多任务的时候，时间不够用，精力不够用，金钱不够用，资源不够用。这时候，我们往往会说，“需要平衡一下了。”这种诉求中，往往透着一种无奈，仿佛要做的“平衡”只是一种取舍，只是一种放弃。于是，到了最后，平衡就变成了放下一些，拿到一些，继续前行。

这是现实对人内心贪念的一种客观制约，但并不是平衡的全部意义。平衡是一种智慧，不仅关乎取舍，还有在限制之下的自我实现。那些让我们感觉捉襟见肘、十分局促的场景，只是过来提醒我们需要考虑平衡的时机罢了。

做好平衡，要懂得平衡之术。可以通过以下四步走出平衡的智慧：

平衡第一步：看到一个更大的格局。

或许不存在最大的格局，如果一个人总在成长的话，他的格局也就总在扩大。我们被资源掣肘，主要原因就在于格局太小，只看到眼前利益。很多问题，在一个小视野中是无解的，然而一旦放大，看到了多个维度，自然就能融会贯通。

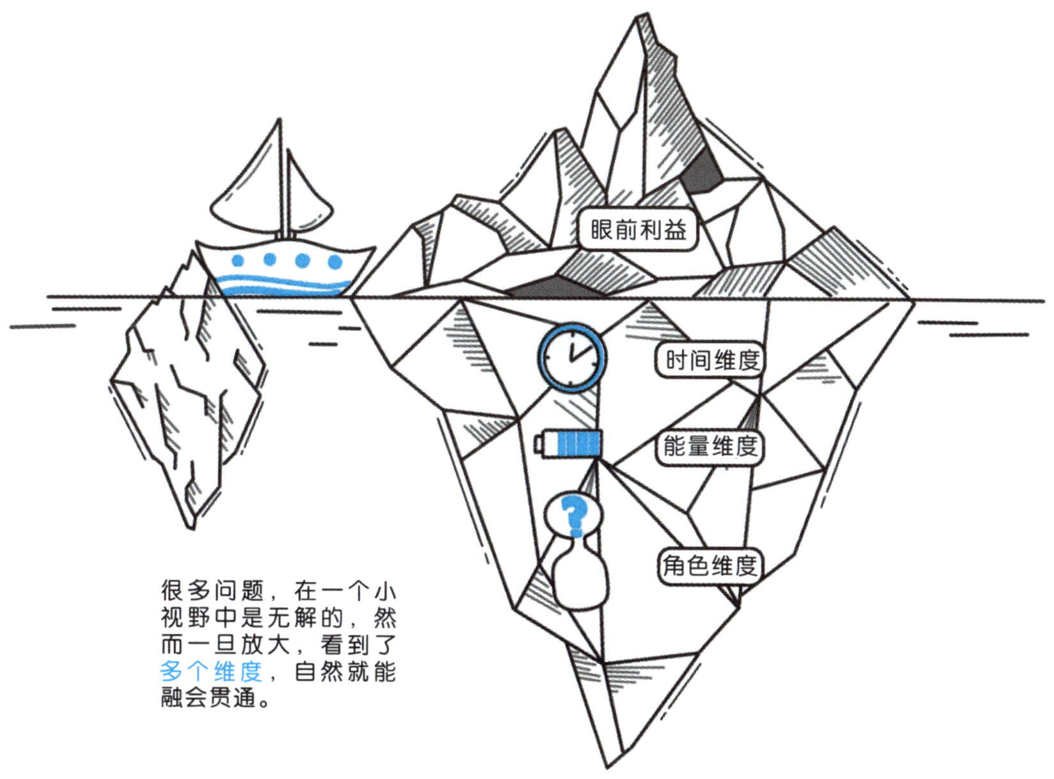

遇到现实平衡问题困扰的时候，我们不妨考虑这么几个维度。

1. 时间维度。我们经常会犯的错误是：让未来的焦虑困扰现在；让过去的经历羁绊当下；忽略了现在的阶段性任务。比如，有人一想到买房买车、养家糊口，就感觉压力巨大，整天忙忙碌碌，像是驴子拉磨，总也看不到尽头，出现的任何一个机会都不愿意放过，结果把自己搞得十分辛苦，停下来梳理，却发现疏漏了很多更为重要的事情。

关于时间的全维度考虑，不妨问自己几个问题：

从未来到现在：你所期待的理想状况是什么？这真的是你想要的吗？你希望用多久时间来实现它？那么，倒推回来，你现在该做些什么？

从过去到现在：过去的经历中，不同的阶段里，有哪些是你“应该”但是又没有完成的任务？这个任务对你来说重要吗？为什么？你现在会为这个任务做些什么？

俯视人生：如果把人生划分成若干阶段的话，你会如何划分自己的人生？每个阶段的重点任务是什么？为什么？在每个阶段所完成的任务对你意味着什么？

看到了时间的维度，我们就会去掉不必要的焦虑和遗憾，开始安于当下。时间维度是一种纵向全局。

2. 角色维度。我们经常会有角色感，而没有角色意识。比如，我们会无意识地行使做父母的权利，无意识地赡养我们的父母，无意识地听从领导安排，无意识地在权威被挑战的时候，心生愤怒。但是我们从没有想过，此时，我是什么角色？这样的角色应该怎么做？

于是，我们就会像一名救火队员，忙工作，忙家务，却不知该如何分配时间，不知怎么才能高效。我们深深地活在了角色中，却从来没有角色意识。

为了看到更大的格局，不妨把自己扮演的所有角色都列举出来，然后逐个分析，哪些可以合并，哪些不必介意，哪些需要有意识地“扮演”。人生如戏，我们每个人都有很多角色，这是人类的社会性使然，不可回避。也只有投入每一个经过深思审视的角色中的时候，我们才能获得自己的自由。角色维度，是生涯的一个切面，是一种横向的维度。

3. 能量维度。我们的能量投入无外乎三个方面：

外在职业的发展。比如，提升专业素质，完成工作，积累财富，结交人脉等，这些可以让人从外在就容易看到的方面，是我们经常投入其中的。

内在的自我。比如，成长，这个别人不一定看得出来，或者不一定真正关心。还有健康、娱乐、休闲，这些只和自己相关的方面。

关系。我们生活在关系中，关系本身就需要我们花能量去处理与维护。比如，亲密关系、亲子关系、与父母的关系、同事关系、社交关系，等等。

当我们看到三个方面的时候，立刻就会有自己对于三个方面的定义和解读。呈现，即看到。

不管是时间阶段、角色，还是能量，这些划分并不唯一，都是多了一些看待生命的可能性，让我们得以跳出原有视角，获得更大格局。格局大了，才有可能有觉察地进行理性权衡，进而取舍。

平衡第二步：找到重心——就是那个最重要的事。

不倒翁之所以不倒，在于大肚子里有一个铅坠，这个就是重心。而生涯中的平衡也是由重心所决定的，这个重心，就是重要的事情——在看到全局之后，再去决定的重要的事情。

所有的价值中，一定有自己的排序，平时之所以纠结，难以取舍，就是没有把这些价值呈现出来。虽然说即便呈现出来所有价值诉求，依然会纠结，但是在明了自己的资源之后，只要不过于贪婪，至少它们之间的重要顺序大致呈现出来了。

可以根据以上看到格局的各个维度，先进行呈现，再进行排序。那些当下最重要的事情自然就出现了。

还有一个简便的法子，可以跳过第一步，直接从现实中，当下那些让自己烦扰的事情中梳理出一个头绪，思考以下这些问题：

重心五问：

1. 现在身边的事情，哪些最重要？列举出来。

2. 然后分析，每件事背后，反映了希望追求的什么价值？

3. 再从这些价值反过来看，这些事情，还有那么重要吗？

4. 为了满足这样的价值，还可以做些什么事情？

5. 对所有的事情进行删减，保证留下来的都是最重要的事情，或者，如果纠结，那就问自己，哪些是非做不可的事情？

请注意，这些问题一定要逐个认真思考，如果你一口气在十秒内读完全部问题，那就回去，重新开始。看完不重要，重要的是，把每一个问题的答案认真地写出来。

平衡第三步：拿出最优资源，保证最重要的事情。

平衡不等于平均，不是把有限的资源在所有事情上撒胡椒面。恰恰相反，平衡是把有限的资源投入最有价值的事情中。既然已经分清楚了重要的顺序，接下来的事情就是对资源进行分配。

需要注意三点：

1. 对于当下的自己来说，什么资源最宝贵？有时候是时间，有时候是精力，有时候是体力，有时候是钱，有时候是人脉，还有时候，就是你自己的关注度。一定要注意实时审视，每个人都在成长和发展，不要用过去的思维限制现在的境况。最开始的时候，为了生存，可能钱最重要，体力和时间多的是，但是，慢慢地，就要根据发展情况做出调整，时间越来越重要，精力越来越重要，人脉越来越重要，关注力越来越重要。

2. 分配资源的时候，顺便给每件事设定一个目标。像一个投资者一样，投入资源的时候，一定要考虑到收益和回报，这个回报需要通过明确的目标来体现。我们经常会假设，只要投入了资源，就能得到结果，其实不然。没有目标的投入，经常会让资源打水漂。

3. 给每件事情预计投入的资源都是应该投入量的 1.5 倍。也就是说，要预留出一部分资源以应对意外情况。特别是，有些事情处于磨合期，需要的资源往往比预计的要多。

在这些考虑的基础之上，再去分配资源。你会发现，在重要的事情上，资源过剩，结果也会有保证，于是，就会更加珍惜，把事情做得漂亮。时间久了，因为目标的清晰，就会过得越来越明朗。

平衡第四步：落实，然后兼顾。

把以上的步骤思考之后的结论落实到一张日程表上，从每年的阶段性任务，到每季度的重点任务，再到每月的大致计划，一直细致到每周、每天，最后呈现出来的是一纸计划。这计划背后的价值，只有自己知道。

可以注意这么几件事：

1. 有些事情是需要固定下来的。比如每周健身三次，最好安排出来，写在每周的日程表里。

2. 千万不要安排得太满，最好保持一半的空白。一张满满的日程表，体现的只是贪婪，到最后，任何一个意外，都会让人沮丧和忙乱。结果，日程表只是废纸一张。

3. 留下的另外一半空间，就是专门留给那些并不太重要的事情。可以日、周、月为单位，把剩余的资源安排给没那么重要的事情。

为什么不安排给其他重要的事情？有两个考虑：

所谓不重要的事情，只是相对而言，如果总不去做，可能就会转化。

另外，任何一件事都有其自己发展的规律，慢慢来，留给事情自己发展的时间。

平衡是一种智慧，更是一种修炼。以上的平衡五步法是我在大量咨询中总结出来的，在见证了一次次纠结之后，我看到了束缚智慧的迷失，在摆脱一次次焦虑之后，我发现了制约智慧的贪心。每一次失衡，又都是明心见性的契机。

平衡的本质：做一个可以走钢丝的人

在被各种事务困扰不得脱身的时候，我们要静下心来下一些笨功夫，用“平衡四步法”对自己忙乱的生活进行梳理。然而，我们每个人又必须是生活的高手，在把平衡智慧融入生活之后，我们还需要修炼出更为娴熟的高阶技巧，随时准备应对猝不及防的一击。

就像一个善于走钢丝的人，平时下了苦功夫，到了杂技表演的时候，走出来的就只剩下了从容。如何修炼这样从容的状态呢？我们在自己的生活中要修炼两种技巧：一鱼多吃和授权。这两项技巧像是平衡木的两端，保证我们可以快速走过钢丝，通过让人焦虑的阶段。

一鱼多吃，就是力图通过做一件事，达到多个目的，实现多重价值。因为事物之间有各种关联，角色之间有重叠，而解决了一件事还会带动其他事情的解决。比如，全家出游，用心陪伴家人的时候，就会同时扮演了多种角色。

但是一鱼多吃，又不是三心二意，恰恰相反，是专注地做一件事，同时实现多重价值。一鱼多吃，是迅速地在多个角色之间切换，是迅速地在多个任务之间切换。这里面有一个前提：需要对角色有清晰的认识，需要对资源有理解，并且能看到资源之间的关联。

比如，一个孩子的父亲，同时还是妻子的丈夫，是自己父母的儿子、岳父母的女婿，如果能够策划好一次家庭出游，并且完美地将多种角色协调好，那么这次出游就会是一种一鱼多吃的平衡。当然，如果做得不好，很有可能让关系变得糟糕。

再比如，有一项任务非常棘手，如果能看到的不仅是任务的难度，同时也看到了这个任务可能带来的其他价值，比如他人重视，资源倾斜，能力提升，以及自己生涯的阶段重点，那么，在接受这个任务的时候，就已经谋划好了完成的方式。

授权是另外一种节约资源的方式，经常和一鱼多吃配合使用。授权的本质是根据自己在每件事中所扮演角色的不同，从而知道自己是在做主导，还是在做执行，或者只是参与，甚至只是旁观。从而，调动其他角色的积极性，有效发挥资源的价值，与别人更好地进行合作。

比如对于职场妈妈来说，如果家务事事必躬亲，那一定非常忙碌。如果还要应付职场的事情，那到头来，即便忙得过来，也是片刻不得闲。处理得不好，可能因此会影响夫妻关系，顾不上照顾自己。如果能够智慧地把家务事、陪伴孩子这些都交给爸爸来处理，不仅减轻了负担，还增进了家庭成员之间的感情。

再比如，在职场上，聪明的老板就很会放权，一方面培养了下属；另一方面还把自己解脱出来了。当然，这也需要识人的独到眼光和充足的安全感。

平衡有很多的方法，也有很多技术，但是说到平衡的本质，只有一个：戒除贪心。

我经常听到有人这样抱怨自己的自制力不强：明明知道晚睡不好，但是到了晚上，磨磨蹭蹭，一不小心就到了12点，天天晚睡。明明知道自己时间不够用，应该聚焦做一些重要的事情，但看到了各种活动，还是会去参加，不想放弃任何一个可能的机会，于是，总也从容不起来。

我还会听到这样的困惑：对本职工作不感兴趣，只是在拿时间换钱，很多自己感兴趣的活动都无法参加，怎么才能快乐？还有人说，我也知道自己喜欢什么，总想在业余时间尝试学习英语、弹琴、打鼓，但是又总会半途而废，不知道怎么才能找到一件最想做的事情，可以坚持一生。还有人有自己的目标，希望将来可以做一个翻译，但是苦于没有相应的圈子，没有资源，没有时间发展，该怎么办？

在我看来，这些焦虑和迷茫，都只是贪婪罢了。

焦虑自不必说，种种的忙碌，难以顾及生活和自我，貌似自己的时间被工作所挤压，都是因为没有重点的忙碌，以及什么都想要的贪婪。迷茫也是如此。比如，说自己没有时间参与感兴趣的活动，要看到的是，时间是一种资源，要分清当下的阶段性任务是收入更重要，还是兴趣更重要，中间有一个平衡点，在资源有限的情况下，不要期望万事俱备。

再比如，对于业余时间参与的兴趣活动总是半途而废的纠结，只是没有明白，这里所谓的兴趣，只是一个爱好而已，如果希望坚持一生，其实需要的是对应的职业训练与职业能力，需要的是更大的投入，而不是玩耍。投入娱乐的资源，希望收获终身从事的结果，这本来就是贪婪。

至于总抱怨没有时间、没有资源发展第二职业的人，贪婪之心更是昭然若揭，这个时代的信息交换与分享如此便利，知识经济让链接出现更多可能，方法绝不是问题，问题是，他们希望的只是：不劳而获。这种意识本身就把人们困住，工作做不好，爱好没发展，梦想无法实现，一团糟的状况下，生活自然不会平衡。

贪婪是什么？贪婪是总希望得到超出资源可以支持的结果，这在现实中又只能是幻想。任何一个人，都不能说自己拥有了能实现任何目标的资源。不管是世界首富，还是国家元首，不管有多少可以调度的资源，总会遇到资源不足以支持的目标。但，这并不妨碍很多人幸福而富足——只要把握好目标的尺度就可以。有人会把这个合适的尺度看作妥协，有人则会认为这是智慧的表现。实际上，这就正是贪婪与否的分野。

有人不明白，说，哪里是贪婪，分明是野心，或者更积极一点，这是雄心勃勃。换个温和而美好的说法，这不就是梦想吗？这倒真有些让人为难，看上去确实很相似。很多时候，我们只能从结果来进行判断，那些说自己拥有梦想的人，最后似乎都实现了。而贪婪，却总是难以得逞。然而，这样的说法显然不能让人服气，有马后炮的嫌疑。

我来说说最真实的区别吧：**贪婪其实是一种资源和能力不能托起的欲望，欲望不断膨胀而不能满足，贪婪也只能带来沮丧和挫败。**也就是说，最初的时候，梦想、幻想和贪婪的念头都有着类似的表现，希望获得一个当下达不到的结果，而且这个结果似乎是能力和资源不能立刻兑换的。但是接下来呢？幻想就停止了，梦想就行动了，贪婪呢？也行动，但是走错了方向。

在贪婪的眼里，只有那个结果，发出的声音是：我想要！只有这一种声音，而不去想需要承担的成本或者风险。这就是贪婪，完全被一个物化的目标所绑架，却忽略了目标设定时所追求的价值，就是所谓初心。在周围环境出现变化的时候，在困难出现的时候，就不会变通，也不会坚持。贪婪的本质是对于自我的执着，像是一个任性哭闹的孩子，只知道要棒棒糖，拿不到就撒泼，不去想手边的巧克力也是甜的，不考虑去游乐场也可以很开心。

戒除贪婪，可以在追求某个渴望的目标，又困惑焦虑的时候，问自己**“初心三问”**：

1. 目标是什么？为什么设立了这样的目标？
2. 是否还有其他形式的目标满足同样价值，并且可以立刻开始的？
3. 是否还有隐藏的资源可以利用？

有一位在企业工作的HR，一心想要助人，过来跟我学生涯咨询。越学越痛苦，她说，生涯咨询是为个体服务的，这和企业管理的理念不完全一致。我说，你换一个角度呢？生涯咨询是支持个人的，但同时也是发挥个人价值的，这不也是企业所期待的吗？找到结合点，空间也就出现了。

往往，表面的痛苦纠结和困难无解都是贪婪的结果。好多事情确实无解，这样的无解一再提醒我们，换一个角度，换一种方式，回到最终的价值，回到原点。

只有不再贪婪的时候，才能看得更远，才能安于当下的欢愉，才会放下幻想，才会为真正的价值打拼。真正的追求，不在于结果，而在于路上。

平衡，就是一种从容的智慧。

后记
POSTSCRIPT

把每本书都当成我的封山之作

每一本书，我都当作最后一本来写。所以，很慎重，也很用心。

像做所有重要的事情一样，写这本书，我会问自己：我做这件事的意义是什么？生命那么宝贵，我们这些活在时间线上的人无时无刻不在消耗着“时间”这个越来越少的“资源”。如果没有意义，不去做，就是最聪明的活法。

这本书，就是这么被问出来的。

《在人生拐角处》出版之后，很多人问我：到底什么时候才是人生拐角？如何才能把握？我说，人生拐角不是把握的，而是创造的。我们每个人都会经历各种各样的人生节点：升学、考试、就业、求职、结婚、生子、退休、生老病死。这些节点在西方被一个叫舒伯的生涯专家分析过，在中国，这样的分析其实更早——孔子说过：“三十而立，四十而不惑，五十而知天命，六十而耳顺，七十而从心所欲，不逾矩。”然而，如果只是被动地经历，即便事业有成，家庭幸福，我也并不认为这是人生拐角，那只是运气比较好罢了。

我所理解的拐角在于主动：主动地创造改变，主动地利用资源，主动地把握机会，主动地促成自己一次次的成长。这就一定要面对一个常见的严肃话题：你要去往哪里？你希望成为一个什么人？你为何而主动？这个问题是没有答案的，或者说，人生就是一个持续探寻答案的过程，阶段性的答案会迅速被自己的成长否定，然后继续探寻，每天的职场和日常的生活就是我们借以探寻的道场。

于是，我对人生拐角的这些理解促成了这本书。如何在回首过往的时候清晰地看到主动的价值，如何在工作生活中有信心地创造接近内心的生活，这都是我希望通过这本书传递的。一本书，如果没有拓展人们认识世界的可能，那就不值得读，也不值得写。

我希望这本书有这样的价值。

进入生涯咨询领域以来，我就一直在提醒自己，助人摆脱迷茫和困惑，助人圆梦和自我实现，是这一职业的本质要义。每个职业都有它自己的本质，厨师的职业本质绝不仅仅只是做熟一餐饭，而是要让人们享受到大自然馈赠的美味；医生的职业本质绝不仅仅只是做做手术，开开药方，而是让人们学会对生命的敬畏，学会和身体相处；创业的本质也绝不仅仅只是把一家公司做上市，成为人生赢家，而是实现一个事业理想，为这个社会提供有价值的产品；公务员的职业本质也绝不仅仅只是获得一种安稳的生活，而真的是想通过简单烦琐的工作，管理社会，为人民服务。

我做了那么多咨询，阅人无数之后得出的一个重要结论是：没有职业理想的人，注定不会卓越。而所谓的职业理想，就是在理解了一个职业本质之后要完成职业使命的想法。

开始进入生涯咨询领域的时候，我在想，如何能让咨询真的有效，于是就在助人方法上着力，费尽心机去想有什么策略给来询者，可以一语道破。在积累了足够多的经验之后，我又在想有什么更为低廉和方便的方式传递给更多的人，于是，我开始写作。在写了一本书之后，我在想有什么更为直接和全面的方式便于操作，于是，有了这本书。我希望读者读这本书，能节省几年的探索和思考时间，或不再迷茫，或迅速发展。

我希望这本书有这样的价值。

我是一个幸运的人，一直坚守着自己的理想，在自己十几年不断探索的“折腾”生涯中，熬到了这个越来越自由的时代。在这样一个伟大的时代，每个人都可以发展自我，实现自我，在职场上兑换出想要的价值。虽然人们无法摆脱自然基因和社会基因的影响，虽然仍有很多人挣扎在生计和生活之间，但是，努力和勤奋在成就一个人发展中所发挥作用的比重越来越大。于是，关注成长的方法，关注自我的意义，关注发展的规律成为迷茫人们的求解通道。

碰巧，我是以此为业的。我不是大师，更不是万能的救世主，我所能做的，就是把自己在十几年职场经历中的煎熬、蜕变，以及在和几百位有生涯困惑的来询者咨询之中积累的经验，以我熟悉的方式表达出来。这个时代成就了我，能够通过一本书来展示出符合时代的个人发展规律，我想这是我对这个时代最好的礼赞和致敬。

我希望这本书有这样的价值。

这本书不是我一个人在写，是数千次咨询中的几百位来询者和我一起写，他们的期待和困惑带给了我很多思考；近百场各种分享中的几万名听众和我一起写，他们的问题和需求带给我很多创意；微信公众号里一篇篇文章的几万个读者和我一起写，他们的反馈和建议带给我很多调整和改进。感恩有这样的机缘，和这些人，和这本书。

我把每本书当作最后一本书来写，每一次毫无保留地用尽全力，是对读者负责，也是对自己负责。读这本书，我希望每位读者都能在做自己的路上，快乐地奔跑。

希望你喜欢。更希望对你有价值。

赵昂